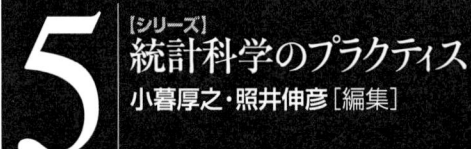

[シリーズ]
統計科学のプラクティス 5

小暮厚之・照井伸彦 [編集]

Rによる
空間データの
統計分析

古谷知之
[著]

朝倉書店

はじめに

　本書は，政策の企画立案や評価に携わる実務家や，様々な政策に関する学問を学ぶ学部学生，大学院生などが，空間データを使った統計分析に関する理解を深めることを目的としている．本書で紹介している手法の多くは，主に空間情報科学や空間統計学，空間計量経済学などと呼ばれる学問分野で用いられているが，その応用分野は幅広い．

　空間データを使った統計分析は，政策的意思決定などの場面で，近年その重要性を増している．計量経済学や計量政治学などの社会科学分野をはじめ，医療・福祉分野や環境分野，都市・地域計画分野やマーケティング分野，教育分野，考古学など幅広い分野で，政策リテラシーの一つとして活用されている．

　例えば日本や米国では医療制度改革の議論が本格的に進められているが，一人あたり医療費負担の地域格差是正は，その重要な課題の一つとなっている．あるいは国政選挙を実施するたびに，新聞報道などで一票の格差是正問題が取り上げられることがある．これらは，「地域差」を示す指標が用いられる好例であるといえる．空間統計学や空間計量経済学の手法を用いることにより，地域格差問題に関する指標を定量的に示し，その改善方策の有効性を実証的に提示できると期待される．

　この20年近くで地理情報システム（GIS）などのソフトウェアの価格が低廉化したことや，GPSなどの位置情報端末や環境センサーを利用したサービスが身近になったこともあり，大学教育・研究の現場だけでなく実務においても，空間情報科学を活用した応用分野を開拓しやすくなっている．最近では，高度な専門的技術がなくても，空間データの解析や，ロケーションサービスのためのアプリケーション開発が容易に行えるようになっている．

　空間データは，収集しただけではそれを十分に活用したことにはならず，意

味のある形で加工し，可視化することが重要である．空間データの特徴を捉えた分析や予測があってはじめて，政策の企画立案・評価の場面で活用できるのである．空間情報科学が身近になる中で，今まで以上に空間分析・予測の手法を理解した研究者や実務家，技術者が必要になるとの思いが，本書執筆の直接の動機となっている．

本書の内容は，筆者が教鞭をとっている慶應義塾大学湘南藤沢キャンパスで学部・大学院向けに行っている講義・演習，および「エストレーラ」誌（（財）統計情報研究開発センター）に一年間（2009年8月～2010年7月）連載した記事を中心に構成し直している．大学の授業では，受講生の関心が幅広い政策分野にまたがっていることから，本書でも特定の政策分野への応用例を示すことはしていない．適宜，関心のある分野に照らし合わせて，読者自身による応用を試みていただきたい．ただしいくつかの例題では，環境，医療，都市・地域などの分野で用いられる空間データを使用している．

最近では，ベイズ統計を空間統計や空間計量経済学に活用する場面が増えていることから，本書でもベイズ統計学を伝統的な推測統計学や記述統計学と同等に扱っている．

政策研究・実務において，地理的・空間的な視点の重要性が認識されつつあるものの，統計科学的手法や空間情報科学的手法は，社会科学の分野では敬遠されがちである．日本の大学では，計量地理学や空間統計学が社会科学系の学部や地理学科などで教えられることは少なく，理工学分野での教育研究が先行しているといわざるをえない．今後，環境や安全・安心，医療・健康など，われわれの身近な政策分野において，空間データとその統計分析手法を活用する機会がますます多くなるであろう．本書を通じて，空間データの統計分析に関心をもつ人が一人でも増えることを期待している．

本書の上梓にあたり，朝倉書店編集部にお世話になった．（財）統計情報研究開発センター（Sinfonica）には「エストレーラ」誌での連載原稿の校正をしていただいた．あらためて感謝の意を表したい．

2011年5月

古 谷 知 之

目　　次

1. 政策リテラシーとしての空間データ分析 ················· 1
   1.1 空間データの活用場面 ···························· 1
   1.2 空間データの統計分析手法 ························ 4
   1.3 本書の構成 ······································ 5

2. 空間データの構造と操作 ······························ 9
   2.1 空間データの基本構造 ···························· 9
      2.1.1 ポイントデータ ···························· 10
      2.1.2 ラインデータ ······························ 10
      2.1.3 ポリゴンデータ ···························· 10
      2.1.4 ラスターデータ ···························· 11
      2.1.5 トポロジ構造 ······························ 13
   2.2 単一レイヤでの操作 ······························ 14
      2.2.1 面積と密度 ································ 14
      2.2.2 セントロイド ······························ 15
      2.2.3 距 離 計 算 ································ 16
      2.2.4 属性テーブルの結合 ························ 17
      2.2.5 ディゾルブ ································ 18
      2.2.6 サブセットの抽出 ·························· 19
      2.2.7 バッファリング ···························· 19
      2.2.8 ボロノイ分割 ······························ 20
   2.3 複数レイヤでの操作 ······························ 21
      2.3.1 値 の 集 計 ································ 21

2.3.2　ポリゴンデータの重ね合わせ･････････････････････････　22

3. 地域間の比較･･･　26
3.1　密　　度･･･　27
3.2　属性値の基本統計量と標準化･････････････････････････････　29
3.2.1　平均・分散・標準偏差･･････････････････････････････　29
3.2.2　標　準　化･･･････････････････････････････････････　30
3.2.3　歪度・尖度･･･････････････････････････････････････　31
3.3　地域属性の差の比較･････････････････････････････････････　31
3.3.1　コルモゴロフ-スミルノフ検定･･････････････････････　33
3.3.2　等分散性の検定･･･････････････････････････････････　35
3.3.3　平均値の差の検定･････････････････････････････････　36
3.3.4　ウィルコクソンの順位和検定･･････････････････････････　38
3.3.5　ベイズ法による標本分布の比較････････････････････････　38
3.4　地域間格差･･･　41
3.4.1　ジ　ニ　係　数･･････････････････････････････････････　41
3.4.2　変　動　係　数･････････････････････････････････････　42
3.4.3　地域特化係数･･････････････････････････････････････　42

4. 空間データの分類と可視化････････････････････････････････････　44
4.1　等　量　分　類･･･　44
4.2　等間隔分類･･･　46
4.3　標準偏差分類･･･　47
4.4　自　然　分　類･･･　48
4.5　区分値を指定する分類･････････････････････････････････　49
4.6　非階層クラスタリングによる分類･･････････････････････････　50
4.7　階層クラスタリングによる分類････････････････････････････　51
4.8　ドットマップ･･･　52
4.9　シンボルマップ･･･････････････････････････････････････　53
4.10　複数の属性データの表示････････････････････････････････　54

5. 空間的自己相関 ································· 56
5.1 空間隣接行列 ································· 56
5.1.1 ラスターデータの隣接行列 ················· 57
5.1.2 ドロネー三角網 ························· 58
5.1.3 最近隣 k 地点を隣接関係と定義する方法 ········· 59
5.1.4 距離により隣接関係を定義する方法 ············· 60
5.1.5 ポリゴンオブジェクトの隣接関係 ·············· 61
5.2 空間重み付け行列 ····························· 61
5.3 空間的自己相関分析 ··························· 62
5.3.1 Moran's I ····························· 62
5.3.2 Geary's C ···························· 64
5.3.3 Join count 統計量 ······················· 64
5.3.4 Local Moran's I ······················· 66
5.3.5 G 統計量 ····························· 67

6. 確率地図 ··· 69
6.1 粗 率 ······································ 69
6.2 相対危険度 ································· 70
6.3 ポアソン確率地図 ····························· 71
6.4 相対危険度のベイズ推定 ······················· 73
6.4.1 Marshall の経験ベイズ推定量 ················ 73
6.4.2 ポアソン-ガンマモデル ···················· 75
6.4.3 対数正規モデル ························· 79
6.5 経験ベイズ推定値の Moran's I ···················· 80

7. 空間集積性 ······································· 82
7.1 ピアソンの χ^2 検定 ························· 83
7.2 Potthof-Whittinghill 検定 ······················· 85
7.3 Stone 検定 ································· 86
7.4 Tango 検定 ································· 86

7.5 Wittermore 検定 ································· 87
7.6 Besag-Newell 検定 ······························· 87
7.7 Geographical Analysis Machine ··················· 88
7.8 Kulldorff-Nagarwalla の空間スキャン検定 ············ 90

8. 空間点過程 ··· 92
8.1 コドラート法 ····································· 94
8.2 最近隣距離法 ····································· 97
8.3 コルモゴロフ-スミルノフ検定 ······················· 98
8.4 観測データにモデルをあてはめる方法 ··············· 99
8.5 距離に基づく関数を用いる方法 ····················· 100
　　8.5.1 境界効果 ·································· 101
　　8.5.2 F 関数 ···································· 102
　　8.5.3 G 関数 ···································· 103
　　8.5.4 K 関数 ···································· 104
　　8.5.5 L 関数 ···································· 105
　　8.5.6 J 関数 ···································· 105
　　8.5.7 ペア相関関数 ······························ 105
8.6 マーク付き点過程の分析 ··························· 106
8.7 シミュレーションによる適合度判断 ················· 107

9. 空間補間 ··· 110
9.1 カーネル密度関数 ································· 110
9.2 逆距離加重法 ····································· 114
9.3 バリオグラム ····································· 116
　　9.3.1 バリオグラムのモデル化 ···················· 116
　　9.3.2 異方性 ···································· 123
9.4 クリギング ······································· 124
　　9.4.1 クリギングの考え方 ························ 124
　　9.4.2 通常型・単純型・普遍型クリギング ·········· 125

9.4.3　ベイジアンクリギング・・・・・・・・・・・・・・・・・・・・・・・・・・・・・・・・127

10.　空間計量経済モデル・・・・・・・・・・・・・・・・・・・・・・・・・・・・・・・・・・・・・130
　10.1　回帰モデルと空間的自己相関・・・・・・・・・・・・・・・・・・・・・・・・・・・130
　　10.1.1　最小二乗法による回帰モデルの推定・・・・・・・・・・・・・・・130
　　10.1.2　線形回帰モデルのベイズ推定・・・・・・・・・・・・・・・・・・・・・133
　　10.1.3　空間的従属性と空間的異質性・・・・・・・・・・・・・・・・・・・・・134
　10.2　可変単位地区問題・・・・・・・・・・・・・・・・・・・・・・・・・・・・・・・・・・・136
　10.3　一般化回帰モデル・・・・・・・・・・・・・・・・・・・・・・・・・・・・・・・・・・137
　　10.3.1　一般化線形モデル・・・・・・・・・・・・・・・・・・・・・・・・・・・・・・137
　　10.3.2　一般化加法モデル・・・・・・・・・・・・・・・・・・・・・・・・・・・・・・137
　10.4　自己回帰モデル・・・・・・・・・・・・・・・・・・・・・・・・・・・・・・・・・・・・138
　　10.4.1　同時自己回帰モデル・・・・・・・・・・・・・・・・・・・・・・・・・・・・138
　　10.4.2　条件付き自己回帰モデル・・・・・・・・・・・・・・・・・・・・・・・・139
　10.5　空間的自己相関モデル・・・・・・・・・・・・・・・・・・・・・・・・・・・・・・140
　　10.5.1　空間的自己回帰モデル・・・・・・・・・・・・・・・・・・・・・・・・・・140
　　10.5.2　誤差項の空間的自己回帰モデル・・・・・・・・・・・・・・・・・・143
　　10.5.3　空間ダービンモデル・・・・・・・・・・・・・・・・・・・・・・・・・・・・146
　　10.5.4　空間的従属性の検定・・・・・・・・・・・・・・・・・・・・・・・・・・・・148
　10.6　マルチレベルモデル・・・・・・・・・・・・・・・・・・・・・・・・・・・・・・・・149
　10.7　地理的加重回帰モデル・・・・・・・・・・・・・・・・・・・・・・・・・・・・・・151

11.　カウントデータ・モデル・・・・・・・・・・・・・・・・・・・・・・・・・・・・・・・155
　11.1　ポアソン回帰モデル・・・・・・・・・・・・・・・・・・・・・・・・・・・・・・・・155
　11.2　負の二項分布モデル・・・・・・・・・・・・・・・・・・・・・・・・・・・・・・・・158
　11.3　ゼロ強調ポアソン回帰モデル・・・・・・・・・・・・・・・・・・・・・・・・160
　11.4　ゼロ強調負の二項分布モデル・・・・・・・・・・・・・・・・・・・・・・・・162

索　　引・・165

1 政策リテラシーとしての空間データ分析

1.1　空間データの活用場面

　空間データを用いて統計解析や計量モデリングを行う学問分野を，空間統計学や空間計量経済学などと呼ぶようになったのは，比較的最近のことである．しかし，そのような学問分野に名前がつけられる以前から，空間データ分析に関する理論と応用についての研究がなされてきた．

　例えば，19 世紀中頃には，J. Snow がロンドンで発生したコレラ患者の分布について空間的な偏在性を見いだそうとコレラマップを作成した．これは空間クラスタリング手法に関する研究であり，現代では空間疫学（spatial epidemiology）と呼ばれる分野として発展し，感染症や環境リスク評価の分析などに応用されている[1]．

　また鉱山学の分野では，20 世紀中盤以降の計算機科学の発達とともに，鉱物資源埋蔵量の算出方法として，ポイントサンプリングされたボーリングデータを用いて，鉱物資源量の空間的または時間的な相関性を定量的に評価する手法が開発され，地球統計学（geostatistics）と呼ばれる分野として発達してきた[2,3]．最近では，こうした理論や手法が地球環境問題などに応用されている．

　空間統計学（spatial statistics）と総称されるこれらの分野は，計量地理学や農林学，画像解析，天文学，考古学などの学問分野でも応用されているが，その知見を計量経済学に取り入れたのが空間計量経済学と呼ばれる分野である[4]．これは 1970〜80 年代にかけて発達した分野で，空間的な自己相関性や異質性を計量経済モデリングに取り入れようとする試みであった．近年では，計算機統計学の発達とともに，マルコフ連鎖モンテカルロ法などを用いたベイ

ズ統計学による分析手法も開発されており，新たな展開を見せている．

このように，空間データ分析はわれわれの身近な情報を扱った学問体系であることがわかる．では，どのような空間データが分析に用いられているのだろうか．いくつかの代表的な政策領域を例に，具体的に見てみよう．

医療政策の分野では，健康問題や感染症などによる死亡リスクや医療費負担の地域格差是正などの問題に応用されている．とりわけ，死亡などに関するデータは，死亡要因や地域集計単位規模によっては観測されるサンプル数が十分に多く得られないことがあるため，相対危険度を算出し可視化する方法などが提案されてきた．

環境政策の分野では，浮遊粒子状物質（SPM）や窒素酸化物（NO_x）などの環境汚染原因物質を，環境センサーを使ってポイントサンプリングでデータ収集し，空間的な傾向を把握してサンプリングできない地点の濃度を予測することなどに使われている．また，生態学の分野では，植生や昆虫などの分布の空間的なランダム性や偏在性を把握する手法が開発されてきたが，この方法を応用すれば，生態系保全対策などに活用できる．

リスクマネジメントなど，安全・安心な社会構築に関する政策分野では，犯罪やテロ，戦争，自然災害などの現象解明に応用されている．例えば防犯分野では，犯罪発生地点の分布をもとに，犯罪発生環境の要因分析やホットスポットと呼ばれる集積地区を見つける場合などに，空間点過程分析と呼ばれる空間統計学の知見が用いられている．東日本大震災に伴う福島第一原発事故では，放射線の空間線量率の分布マップが国などのホームページに公開されている．空間や土壌の放射線量率の内挿補間には，逆距離加重法やクリギングといった空間補間方法が適用されている．

都市・地域政策の分野では，自治体の行政境界単位で集計された人口数や人口密度，地価などのデータを使って，住宅や職場，交通網の整備に伴う社会経済的な影響評価に関する研究が進められてきた．とりわけ，社会基盤整備に伴う地価などの経済的影響の時空間的な波及効果の計測に関心が払われてきた．今後，人口減少や少子高齢化が進むと予測されている日本では，過疎化する地域をどのように縮退させるかに関する分析が必要となろう．

人間工学などの分野で眼球運動計測に用いられるアイマークレコーダ(EMR)

を使うと，注視点と呼ばれる視点の集積性を空間点過程分析により把握することができる．この方法は，自動車ドライバーの安全運転や景観解析などに応用されている．画像処理において，画素数の粗い電子画像データから詳細な画像を判読する技術には，空間データの面的補完手法などが用いられている．

政治学の分野では，選挙投票行動を計量モデル化する手法が開発されている．住民の地域属性が選挙投票結果に与える要因分析に空間的な近接性を考慮することで，選挙キャンペーンによる得票の空間的波及効果の検討やモデルの予測精度改善などに応用されている．また，国政選挙における「一票の格差」を議論する際にも，地域格差に関する指標が用いられることがある．

経済政策分野では，社会資本整備による空間的な経済波及効果の分析や，失業率の空間的偏在性などの研究において，空間計量経済学の手法が用いられてきた．教育政策分野では，教育水準の地域的格差の可視化や，保育サービス・高齢者サービスの地域的公平性を検討する際などに，地域差を示す指標が用いられることがある．農業政策分野では，畑の土壌特性（pH 値や電気伝導度）をポイントサンプリングしたデータを用いて空間補完を行い，その空間分布を予測する場合などに空間統計学が応用されている．ほかに収穫量の予測などに空間計量経済学の手法が用いられることがある．

表 1.1 空間データ分析の政策分野への応用例

政策分野	応用例
医療政策	・死亡要因別死亡率の要因分析や予測 ・医療費負担の地域格差是正
環境政策	・環境汚染物質の空間分布予測 ・植生などの分布から見た生態系保全
リスクマネジメント	・食料・水・石油などの資源地図作成，資源埋蔵量予測 ・紛争発生の空間的な集積性や近接性
都市・地域政策	・都市・地域開発に伴う地価上昇の空間的波及効果 ・都市部での犯罪発生集積地点の発見
経済政策	・経済政策に伴う GDP の時空間波及効果 ・失業率の空間的偏在性や教育水準などとの関連分析
教育政策	・教育水準の地域格差是正 ・保育園の空間分布から見た保育サービスの公平性
農業政策	・土壌特性の空間分布予測 ・収穫量の予測

以上のような空間データ分析の政策分野への応用例は，表1.1のようになる．

地理空間情報の操作は，初期においては地図情報あるいは空間情報を扱うシステム上での情報管理や分析に主眼が置かれてきたため，地理情報システム（GIS：geographic information system）と呼ばれていた．最近では地理空間情報の取得から解析・可視化までの一連の系統を汎用化した手法を地理情報科学（GISc：geographic information science）あるいは空間情報科学（spatial information science）などと呼ぶようになっている．本書では，空間的な位相情報とともに記述される人間活動や自然環境の情報を空間情報と呼び，空間情報を抽象化して統計分析などに用いることができるように加工したものを空間データと呼ぶこととする[5]．

1.2　空間データの統計分析手法

前節で述べたように，実証的な空間データを活用することで，政策の意思決定やマネジメントを効果的に行うことができる場面は少なくない．根拠となる実証的なデータに基づくことを，「エビデンス・ベース（evidence based）」というが，公共政策や経済政策などでは，まさにエビデンス・ベースでの政策立案・評価が要求されている．一次統計や加工統計として空間情報が整備されつつある中で，空間データの統計分析手法は，重要な政策リテラシーの一つといってよい．

政策マネジメントにおいては，政策の企画・立案（plan）→事業の実施（do）→達成度の評価（check）→結果の提示と見直し（action）→企画・立案へのフィードバックという，PDCAサイクルを通じて問題発見・問題解決を進めることが必要である．

政策の企画・立案においては，空間データの収集や加工によるデータベースの構築，地図情報の可視化を通じた問題意識発見，企画・立案時点までに得られた空間データの分析やシミュレーションといった作業が要求される．空間データは，地図情報や社会経済データ，自然環境データなどが個別に整備されることが多いため，政策領域に応じて必要な空間データを収集・加工し，独自のデータベースをつくる必要がある．その際には，属性テーブルの結合やオーバ

ーレイ操作などを行うことがある.

　政策課題をより広く共有したい場合には，現状や将来像をわかりやすく地図上に可視化することが効果的である．このときは，主題図と呼ばれる地図を作成する．ポイントサンプリングされたデータを可視化したい場合は，空間内挿と呼ばれる手法を適用することがある．空間内挿手法を用いれば，地点間や地区間の距離に基づき，政策課題に関する空間データが特定の地域に集積しているかどうかを示すことができる．

　政策シナリオに応じた効果を提示する際には，様々な空間データを組み合わせて計量モデルを構築する．変数に用いるデータが空間的に相関し，従来の回帰モデルなどで予測精度が低い場合には，空間的な自己相関を明示したモデルが適用される．そもそも誤差項の分散均一などを仮定できない場合には，地区・地点ごとに分散が異なるとか，パラメータが異なるといったような形で分散不均一を仮定し，柔軟にモデリングすることで，現況再現性の高いモデルシステムを構築することができる．

　事業実施後の評価においては，施策を適用したあとの空間データを収集し，政策を企画・立案した際と同様に，空間データの可視化や分析を行う．当初検討したシナリオのよしあしを議論するだけでなく，適用したモデルシステムが適切であったか，空間データに不足はなかったかといった点についても検討する．そして，結果の提示と見直しを行う際にも，やはり空間データの可視化が有効となる．

　このように，政策の企画・立案・実施・評価検証・見直しの各段階において，空間データの収集・加工・可視化・分析・予測が必要となる．本書ではこのうち，空間データの収集を除いた手法について紹介する．

1.3　本書の構成

　本書では，空間データの統計分析手法を体系的に解説するため，空間データの基本的な考え方と可視化手法について紹介したあと，空間的な近接性と集積性，空間点過程，空間内挿といった空間統計学の手法を解説し，空間的自己相関モデルや地理的加重回帰モデルといった空間計量経済学の手法を示す．

第2章では，空間データの基本構造やレイヤ操作について解説する．点・線・面やグリッドデータといった空間オブジェクトの構造を説明した上で，空間オブジェクトを単一のレイヤで操作する方法と，複数レイヤでオーバーレイした場合の操作方法について紹介する．第3章では，地域単位で集計されたデータを用いて，地域間の比較を行う方法を取り上げる．地域属性データの基本統計量や基準化，地域間の差の比較に関する手法を解説する．第4章では，空間データを分類し，主題図と呼ばれる可視化手法を扱う．

　第5章では，空間統計学や空間計量経済学における分析の基礎となる，空間的自己相関という考え方を解説する．空間的自己相関を計算するために必要な，空間隣接行列や空間重み付け行列を使って，地域属性データの空間的な系列相関の有無を検出する方法を紹介する．空間データを扱う際には，しばしばイベントの発生自体がまれであることがあるが（例えば，道路交通事故による死亡事故被害者の発生など），そうした事象の発生確率を可視化する手法については，第6章で紹介する．第7章では，空間集積性を示す統計量を紹介する．いくつかの手法は計算機の処理能力が低かった時代に提案された手法であるが，空間的事象の地理的な偏在性を示す方法を理解することは有益である．

　第8章と第9章では，ポイントデータの分析と可視化に関する手法，すなわち空間点過程と呼ばれる方法を紹介する．ポイントデータ分布のランダム性や密度を示す指標や関数について解説し，観測されない地点における面的な補間方法を扱う．第10章と第11章では，空間データを用いた計量経済モデリング手法を取り上げる．具体的には，空間的自己相関モデル，地理的加重回帰モデルに加え，イベント発生数が少ない空間事象の発生をモデル化する際に用いられる，ポアソン回帰モデルなどのモデリング手法を紹介する．

　本書では，空間データの分析手法を紹介することに力点を置いているため，空間データ収集については扱っていない．また，ネットワーク分析や空間選択モデル，空間データに時間軸を加えた時空間データの分析についても，対象外としている．

　分析手法を理解する上で，フリーの統計ソフトRを用いている．筆者のホームページ（http://web.sfc.keio.ac.jp/~maunz/wiki/）から本書のページにアクセスすることで，実際のGISデータやRプログラムを用いた分析例を実践

できるほか,その一部を本書でも紹介した.Rでは,空間統計学や空間計量経済学の主要な方法を適用する上で便利なパッケージが開発されており,本書の分析例でもそれらを用いている.最新のパッケージやコマンドを適用することを心がけているが,Rのパッケージはしばしば改訂されるため,本書の内容が更新に追いついていない場合はご容赦願いたい[*1].いずれにせよ本書の中では,Rの適用例のうちごく基本的な部分のみを掲載することにしているため,上記ホームページを参照しながらプログラムの全体像を把握していただきたい.

分析例に用いた空間データは,仮想的なデータを除いて,日本の国土を対象とした比較的入手しやすいデータを用いている.日本地図データは,ESRI ジャパン社[6]のホームページからダウンロードできる市区町村境界データを利用している.ほかにも,総務省統計局のホームページ(http://www.e-stat.go.jp/)から利用可能な社会生活統計指標や,(独)国立環境研究所の環境数値データベースなどを用いている[*2].いずれも,オンライン上で自由に入手できるデータである.本シリーズでは分析例にRを使っているが,Rのパッケージでは,GISソフトとして普及しているArcGISで用いられる,シェープ(.shp)ファイルと呼ばれる形式に基づく空間データを扱うことができる.そのため,本書の分析例では,しばしばこのシェープファイルを使用している.

本書では,政策立案・評価などの場面で空間データ分析が適用されることを念頭に,主要な手法を比較的平易に解説するように心がけたつもりである.初学者には,空間データ分析の概念の理解や,実際にデータを用いた分析方法を習得するために,ほかの文献も参考にしながら本書を読むことを勧める.例えば Gelfand et al.(2010)[7]では,空間統計学と空間計量経済学の理論と応用について体系的にまとめられている.Fischer and Getis(2010)[8]では,空間データ分析で用いられるソフトウェアの紹介や方法論とその適用例が体系的にまとめられている.Bivand et al.(2008)[9]や谷村(2010)[10]でも,統計ソフトRを使った空間データ分析の応用方法について,わかりやすく解説されている.

近年,計算機統計学の発展を背景に,ベイズ統計が利用される機会が増えて

[*1] 本書で主に用いたパッケージは,CRAN Task View: Analysis of Spatial Data(http://cran.r-project.org/web/views/Spatial.html)で紹介されているもの(2010年10月現在)である.

[*2] 本書で利用しているデータは,2009年6月〜2010年6月頃に入手したものが多く,必ずしも最新のデータとはなっていない.

いるため，本書ではベイズ的アプローチを用いた方法についても紹介している．空間データを使って分析する際に，空間集計単位が小さい，あるいは事象がほとんど観測されないといった理由でサンプル数が十分に得られないなど，推測統計学に基づく手法やパラメトリックな手法では分析できない場面にしばしば出くわすからである．そのため，推測統計学やベイズ統計学への理解があることを前提に解説を行っている．必要に応じて，本シリーズの第1巻『Rによる統計データ分析入門』と第2巻『Rによるベイズ統計分析』を参照されたい．また，政策の意思決定や評価・分析の場面では，推測統計学とベイズ統計学のどちらが有効であるかということよりも，両方の手法を適切に使い分ける柔軟さをあわせもつことが，政策の実務者には要求されるだろう．本書で紹介しなかった手法のうち，選択行動モデルや流通と証券のモデルについては，本シリーズの第3巻『マーケティングの統計分析』でも紹介されている．

参 考 文 献

1) Pfeiffer, D., T. Robinson, M. Stevenson, K. Stevens, D. Rogers and A. Clements (2008), *Spatial Analysis in Epidemiology*, Oxford University Press.
2) 地球統計学研究委員会訳編・青木謙治監訳 (2003), 『地球統計学』, 森北出版. (原著：Wackernagel, H. (1995), *Multivariate Geostatistics*, Springer-Verlag.)
3) Diggle, P. J. and P. J. Ribeiro Jr. (2007), *Model-based Geostatistics*, Springer.
4) Arbia, G. (2006), *Spatial Econometrics*, Sprigner.
5) 厳　網林 (2003), 『GISの原理と応用』, 日科技連出版社.
6) ESRIジャパン社ホームページ, http://www.esrij.com/
7) Gelfand, A. E., P. J. Diggle, M. Fuentes and P. Guttorp (eds.) (2010), *Handbook of Spatial Statistics*, Chapman & Hall/CRC.
8) Fischer, M. M. and A. Getis (eds.) (2010), *Handbook of Applied Spatial Analysis*, Springer-Verlag.
9) Bivand, R. S., E. J. Pebesma and V. Gomez-Rubio (2008), *Applied Spatial Data Analysis with R* (Use R), Springer-Verlag.
10) 谷村　晋 (2010), 『地理空間データ分析 (Rで学ぶデータサイエンス)』, 共立出版.

2 空間データの構造と操作

2.1 空間データの基本構造

　GIS の普及とともに，様々な商用ソフトウェアや空間データが利用可能となっている．ArcGIS や MapInfo などの商用 GIS ソフトウェアでは，それぞれ独自のデータ形式を扱うことができる．しかし，空間データの基本構造は共通しているといってよい．そこでまず，空間データの構成を示すことにする．特に断りがない場合，本書では二次元のユークリッド空間上の空間データを扱うものとする．

　現実空間の情報を，GIS などで扱えるように抽象化された空間データは，**空間オブジェクト**と呼ばれる．空間オブジェクトは，大きく**ベクターデータ**と**ラスターデータ**に分けられる．ベクターデータには，点（ポイント），線（ライン），面（ポリゴン）といった種類がある．ラスターデータはグリッドデータ（ピクセルデータ）とも呼ばれ，現実空間を格子状に区切り，その特徴を表現しようとするものである．いずれの形式も，幾何特性とともに，座標系に関する情報や統計的特性を示す属性テーブルと関連づけられている．

　空間オブジェクトは，図形としての幾何情報と属性情報に加えて，操作手順をまとめた**メソッド**についても記述される．また，空間オブジェクトを定義するひな型は**クラス**と呼ばれる．クラスは階層構造をもつことがあり，下位のクラスは上位のクラスに関する特性を継承する．GIS の空間オブジェクトモデルについては，文献[1]などが参考になる．

　ベクターデータとラスターデータは，**オーバーレイ**という重ね合わせ機能を用いて，空間データのオーバーレイ表示や，空間オブジェクトの統合，分割と

いった操作，属性データの集計などを行うことができる．

2.1.1 ポイントデータ

ポイントデータは，現実空間における代表点（例：都道府県における都道府県庁の位置）や観測地点（例：校庭の百葉箱での温湿度計測，レアメタルのボーリング地点，感染症死亡者の住所）を表現する際に用いられ，緯度経度など地点座標に関する幾何情報とその属性情報から構成される．座標情報と属性情報からなるテーブルがあれば，ポイントデータを作成できる．例えば，任意に生成した30地点をポイントデータとして可視化すると，図2.1のようになる．

2.1.2 ラインデータ

ラインデータは，道路や鉄道などの路線や，GPSを用いて観測された人やものの移動軌跡などを可視化する際に用いられる．ラインデータはポイントデータの集合として幾何情報が定義され，距離などの属性情報をもつ．ポイントデータを構成する点座標の集合と線自身の属性情報があれば，ラインデータを作成できる．例えば，任意に生成したポイントデータどうしを結ぶラインデータを作成すると，図2.2のようになる．

2.1.3 ポリゴンデータ

ポリゴンデータは，建物などの地物や河川などの領域，行政境界といった面的な範囲を可視化する際に用いられる．ポリゴンデータはラインデータの集合であるとともに，ポリゴンデータどうしの隣接関係などの幾何情報が定義さ

図 2.1 ポイントデータ

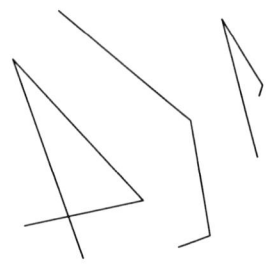

図 2.2 ラインデータ

2.1 空間データの基本構造

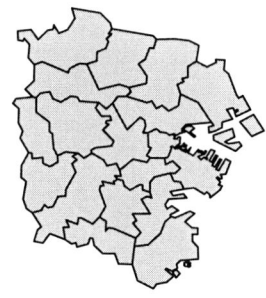

図 2.3 ポリゴンデータ

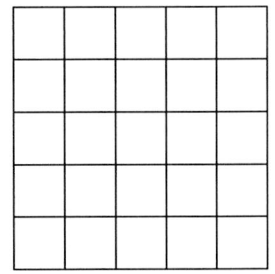

図 2.4 ラスターデータ

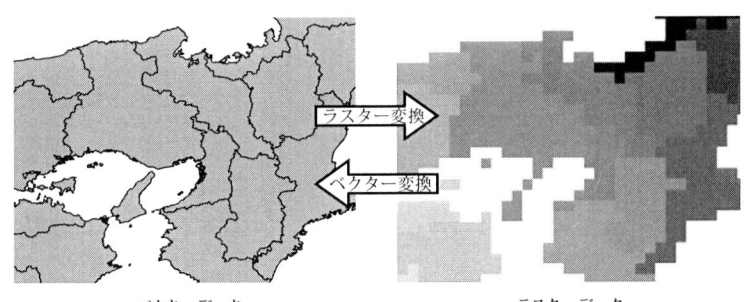

図 2.5 ラスター・ベクター変換

れ，面積などの属性情報をもつ．ポリゴンデータの境界線は必ず閉じている必要がある．面を構成するラインデータの集合と属性情報をもとに，ポリゴンデータを作成する．図 2.3 は行政境界内の領域をポリゴンデータとして可視化したものである．

2.1.4 ラスターデータ

ラスターデータは，グリッドデータ，ピクセルデータとも呼ばれ，正方形や長方形などの格子状に空間を分割し，グリッドの属性情報として地物の特徴を記述する（図 2.4）．グリッドの形状と大きさ，範囲が同じであれば，ラスターデータ間の演算（加減乗除など）が可能となる．図 2.5 のように，ベクターデータをラスターデータに変換することを，**ラスター変換**またはグリッド変換という．逆に，ラスターデータからベクターデータに変換することを**ベクター**

変換という．

ラスターデータは，データ記述・管理が便利である反面，ベクターデータをラスターデータに変換すると，境界などの幾何情報や面積などの空間属性情報が失われることがあるという欠点もある．

ラスターデータは，ベクターデータのトポロジ構造（2.1.5項参照）と比較して，単純なデータ構造をしている．基本的に行列としての構造をもっているため，ラスターデータを管理する方法の一つとして，①行数と列数，②基準となる地点（例えば図 2.6(c) の左下のコーナーの点）の座標，③グリッドのセルサイズ，④各グリッドの属性値，⑤グリッドデータ属性を与えない場合の定義についての情報を与える方法がある．この方法は，GIS ソフトウェアを提供する ESRI 社が提案した，ASCII grid 形式として知られている．

例えば，図 2.6(a) のような ASCII grid 形式のデータをもとにして，図 2.6(b) の行列に示す属性をもつラスターデータを作成できる．すると，(0,0) を

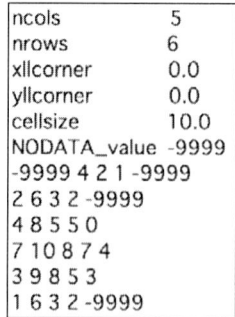

(a) ASCII grid 形式　　(b) 属性値　　(c) ラスターデータ

図 2.6　ASCII grid 形式によるラスターデータの作成例

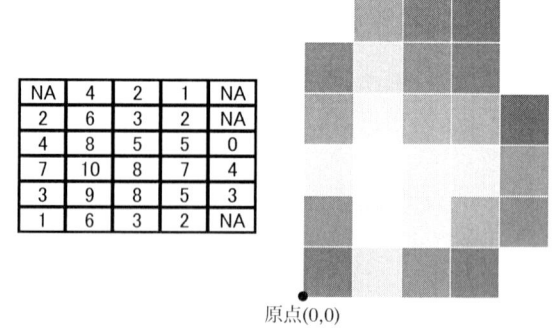

図 2.7　ラスターデータの演算例

2.1 空間データの基本構造

原点とするラスターデータを図 2.6(c) のように可視化することができる．

ラスターデータは，図 2.6(b) のような表形式の属性値をもつため，原点とセルサイズ，行列数が同じである複数のラスターデータを用いて，加減乗除の演算を行うことができる（図 2.7）．

2.1.5 トポロジ構造

点・線・面のベクターデータは，オブジェクトの座標情報だけでなくそのトポロジ関係を定義してはじめて，高度な空間データ分析を行うことができるようになる(図 2.8)．ベクターデータの基本的なトポロジ構造は，隣接関係，接続関係，左右面の認識についての情報を与えることで関係づけることができる．

ポイントデータは，基本的に ID 番号と座標からなる．ポイントデータの隣接関係を定義することで，後述するバッファリングやボロノイ領域を作成できる．また，複数のポイントデータの接続関係を与えることで，ラインデータの始点と終点（ノード），中間点（バーテックス），および向きを定義することができる．さらに，始点と終点の接続関係を与えることで，ラインデータを組み合

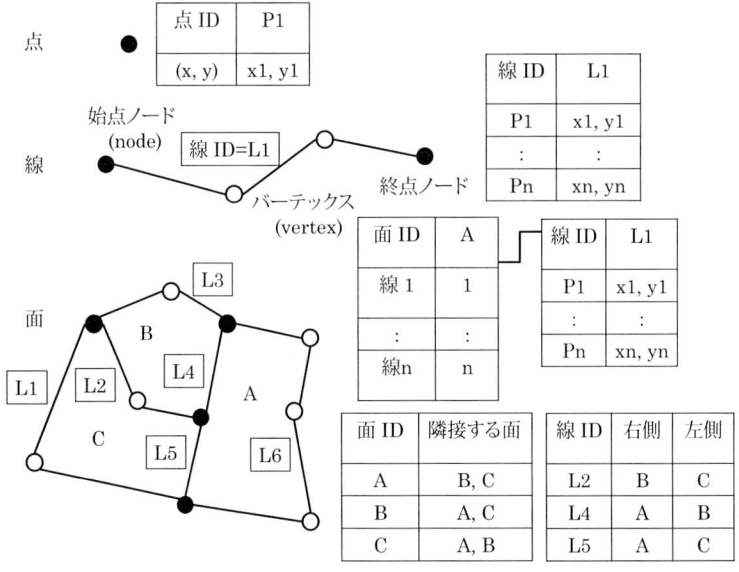

図 2.8　ベクターデータのトポロジ関係

わせたチェーンをつくることができる．

　ラインデータを複数組み合わせ，各ラインデータの（ポリゴンデータから時計回りに見て）左右のポリゴンを定義し（面認識），さらにラインデータの組み合わせでできる面について隣接する面を定義することで，ポリゴンデータをつくることができる．

　ポイントデータとポリゴンデータについては，ポイントデータがポリゴンデータに内包されているか境界線上にあるかということで，位相を関係づけることができる．ラインデータとラインデータについては，互いの交差関係を定義することがある．ラインデータとポリゴンデータについては，ラインデータがポリゴンデータに交差しているか，内包されているか，境界線上にあるかということで，位相関係を与えることができる．

2.2　単一レイヤでの操作

　一つの空間オブジェクトをレイヤとみなすことで，レイヤ上で様々な操作を行うことができる．単一のレイヤでの操作として，面積の計算，セントロイド（重心）の抽出，距離計算，属性テーブルの結合，ディゾルブ，サブセットの抽出，バッファリング，ボロノイ分割などがある．

2.2.1　面積と密度

　面データを定義する際に，面積を計算することで，ポリゴンデータの大きさを把握できる．ポリゴンデータを使った統計分析では，面積が重要な役割を果たすことが少なくない．空間的な事象を面積で基準化し，**密度指標**を計算することにより，空間属性を地域間で比較検討することが可能となる．

　例えば，都市部と地方部で人口規模を比較する際には，人口数を地区面積で割った人口密度を用いる．多くの自治体では，行政境界の面積は都市部で小さく地方部では大きくなっているため，人口数をそのまま比較すると，地方部の方が多くなることがある．そこで，人口密度を算出することで，各地域における「人口の多さ」を示すことができる（表2.1）．ただしこのとき，基準となる密度については，総面積ではなく可住地面積を利用するのが望ましい．なぜ

表 2.1 人口密度の計算例[2]

都道府県名	総人口(A) (万人)	総面積(B) (100 km^2)	人口密度(A/B) (万人/100 km^2)	可住地面積(C) (100 km^2)	人口密度(A/C) (万人/100 km^2)
北海道	554	834.57	0.66	219.23	2.53
青森県	139	96.07	1.45	32.00	4.34
岩手県	135	152.79	0.88	37.05	3.64
宮城県	234	72.86	3.21	31.30	7.48
秋田県	111	116.12	0.96	31.61	3.51
:	:	:	:	:	:
大分県	120	63.40	1.89	17.70	6.78
宮崎県	114	77.35	1.47	18.42	6.19
鹿児島県	172	91.89	1.87	32.50	5.29
沖縄県	138	22.76	6.06	11.67	11.83

注：人口および面積は 2008 年データ．「可住地面積」は「総面積」に「可住地面積割合（対総面積）」を乗じた値を用いている．

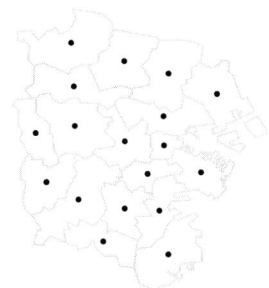

図 2.9 ポリゴンデータのセントロイド

なら総面積には，森林や湖沼など，人間が居住できない地区の面積も含むからである．密度を用いた地域間比較については，第 3 章で扱う．

2.2.2 セントロイド

ポリゴンデータを使った分析には，地区間の近接性や点・線・面のデータとの距離を用いたものが挙げられる．そのような場合，ポリゴンデータの代表点が必要となる．都道府県などの行政境界を用いた場合には，都道府県庁の位置座標が代表点となることもあるが，代表点が定義されていないポリゴンデータも少なくない．そのような場合，ポリゴンデータの**セントロイド**（重心）を代表点として採用することがある（図 2.9）．

セントロイドは，前述のような地域のほかに，街区や家型などのポリゴンデータが与えられた場合に，その住所（○○市△△丁目○△番地など）に緯度経度を付与したい場合などにも用いられる．関連する空間情報に緯度経度などの地理座標を与えることを，**ジオコーディング**という．また，住所を含む情報をGIS上で扱うために緯度経度を与えることを，**アドレスマッチング**という．

2.2.3 距離計算

距離は，空間オブジェクト間の近接性などを表現する上で，重要な指標である（図2.10）．距離を定義する方法はいくつかあるが，最もよく用いられるのが**直線距離**である．**マンハッタン距離**もしばしば用いられる．

(1) 直線距離

二次元ユークリッド空間において，地点 p_1 と地点 p_2 の座標がそれぞれ $p_1(x_1, y_1)$，$p_2(x_2, y_2)$ であるとき，2地点間の直線距離 d は，次のように定義される．

$$d = \sqrt{(x_1 - x_2)^2 + (y_1 - y_2)^2}$$

この直線距離は二次元ユークリッド距離でもある．ユークリッド距離を一般化させたものを，ミンコフスキー距離という．

$$d_{ij} = \left\{ \sum_{k=1}^{n} |x_{ik} - x_{jk}|^q \right\}^{1/q}$$

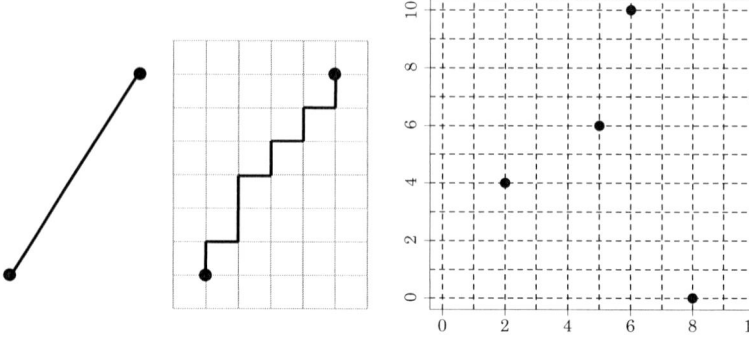

図2.10 直線距離（左）とマンハッタン距離（右）　　図2.11 距離の計算に用いたポイントデータの分布

(2) マンハッタン距離

地点間の座標の差の絶対値を合計したものは，マンハッタン距離と呼ばれる．これは，ニューヨークのマンハッタン街の道路網のように格子状の市街地を移動する際の移動距離に由来する．地点 p_1 と地点 p_2 に対して，マンハッタン距離 l は，次のように定義される．

$$l=|x_1-x_2|+|y_1-y_2|$$

R 分析例

例として，図 2.11 のような二次元平面上の座標にプロットされた 5 つのポイントデータについて，直線距離とマンハッタン距離を計算してみよう．

```
# ポイントデータの座標
x <- c(5, 2, 6, 8, 10)   # x 座標
y <- c(6, 4, 10, 0, 7)   # y 座標
xy <- t(rbind(x,y))
# 作図
plot(xy, xlim = c(0,10), ylim = c(0,10), cex = 2, pch = 19)
abline(h = 0 : 10, v = 0 : 10, lty = 2)
# 直線距離
dist(xy, method ="euclidean")
# マンハッタン距離
dist(xy, method ="manhattan")
```

すると，以下のような結果が得られる．

```
> dist(xy, method="euclidean")
          1        2        3        4
2  3.605551
3  4.123106  7.211103
4  6.708204  7.211103 10.198039
5  5.099020  8.544004  5.000000  7.280110
> dist(xy, method="manhattan")
   1  2  3  4
2  5
3  5 10
4  9 10 12
5  6 11  7  9
```

2.2.4 属性テーブルの結合

ベクターデータでは，属性情報がテーブル（表）形式で記述される．属性情

Table A

都道府県コード	人口
1	554
2	139
3	135
4	234
5	111
:	:
47	138

Table B

都道府県コード	生活習慣病	悪性新生物
1	550.6	287.8
2	637.3	306
3	656.4	297.3
4	513.9	251.4
5	688.1	337.9
:	:	:
47	351.9	185.8

Table C

都道府県コード	人口	生活習慣病	悪性新生物
1	554	550.6	287.8
2	139	637.3	306
3	135	656.4	297.3
4	234	513.9	251.4
5	111	688.1	337.9
:	:	:	:
47	138	351.9	185.8

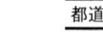

図 2.12　テーブルの結合

報を追加したい場合には，追加すべき情報をテーブル形式で用意することにより，既存データのテーブルと結合できる．

地区数や地点数を増やすことなく，単に属性情報を列結合したい場合は，追加するデータテーブルに既存データと共通する ID や地名などを付与し，マッチングさせることにより列結合できる．例えば，図 2.12 のように Table A と Table B が与えられたとき，二つのテーブルに共通する都道府県コードをマッチングさせることにより，Table C という新たなテーブルが作成される．

2.2.5　ディゾルブ

ポリゴンデータやグリッドデータで，同じ属性を持つオブジェクトやグリッドを一つのオブジェクトにまとめる方法を，**ディゾルブ**（dissolve）という．例えば，市区町村境界データに対して，同じ都道府県に属していることを示す情報（都道府県名や都道府県コードなど）があれば，それに基づき都道府県ごとに市区町村境界データをまとめることができる（図 2.13）．

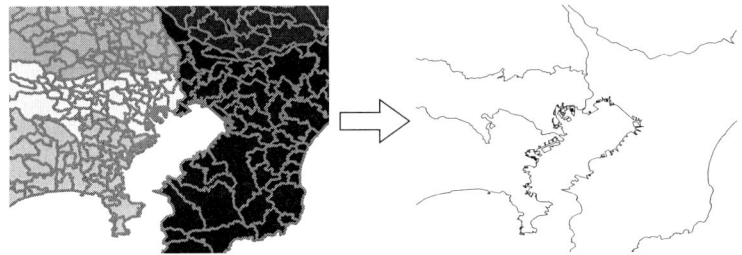

図 2.13　都道府県コードによるディゾルブの例

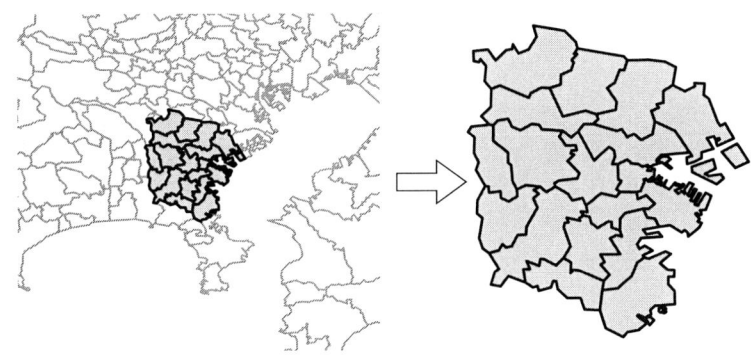

図 2.14　サブセットの抽出例（全国市区町村境界から横浜市部分を抽出）

2.2.6　サブセットの抽出

　属性テーブルを用いて，空間オブジェクトの一部をサブセットとして抽出することができる．例えば，全国の市区町村境界データ（ポリゴンオブジェクト）から，特定の市区町村コードを指定することにより，任意の市区町村についてのポリゴンデータを抽出することができる（図 2.14）．

2.2.7　バッファリング

　バッファリングは，オブジェクトの近傍領域を定義する方法の一つであり，点・線・面データの周囲に，オブジェクトから一定距離の範囲内に圏域を作成することである．例えば，不動産情報で用いられる「駅から○○ m」とか，公共交通不便地域を定義する際に用いられる「バス停から△△ m」などという領域を定義する際には，点バッファを定義する（図 2.15）．

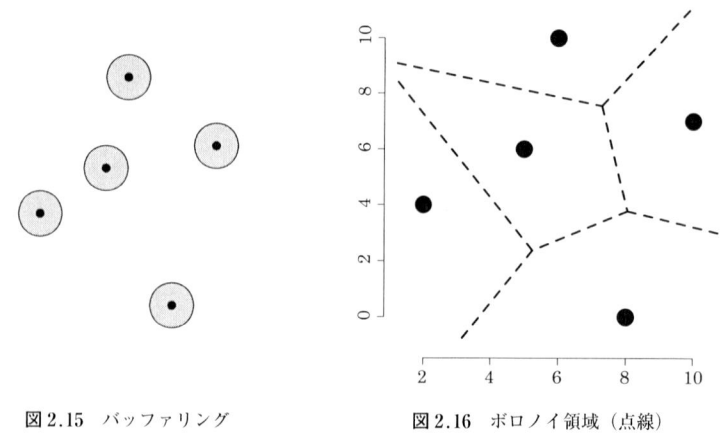

図 2.15 バッファリング　　　　図 2.16 ボロノイ領域（点線）

　バッファ領域については，オブジェクトの属性値によらず一定距離の圏域を作成する方法と，オブジェクトの属性値に応じてバッファの範囲を変える方法とがある．

　オーバーレイ操作により，バッファ内のほかのオブジェクトを検索し，その属性や個数を集計する演算を行うことができる．

2.2.8　ボロノイ分割

　ボロノイ分割は，ポイントオブジェクトの最近隣領域を定義する方法の一つである．隣接する任意の2点を結ぶ線分の垂直二等分線で構成されるポリゴンを用いて領域を分割したものが，ボロノイ分割である（図 2.16）．ボロノイ分割により定義された領域を**ボロノイ領域**という．オーバーレイ操作により，ボロノイ領域内のほかのオブジェクトを検索し，属性値などを集計することができる．また，ボロノイ分割を行う際に，最近隣2地点間を結んでできるネットワークを，ドロネー三角網という（図 5.3 参照）．

2.3 複数レイヤでの操作

複数の空間オブジェクトを使った操作として，オーバーレイという機能がある．これは，一つの空間オブジェクトをレイヤとみなし，レイヤを重ねることで様々な操作をすることを意味する（図2.17）．代表的なものとして，ポリゴンデータに含まれる点・線・面オブジェクトの属性値の集計，ポリゴンオブジェクトに対して点・線・面オブジェクトの重ね合わせによる新しい形状のポリゴンデータの作成といった操作が挙げられる．

2.3.1 値の集計

図2.18のように，ポイントデータがポリゴンデータ（あるいはラスターデ

図2.17 オーバーレイ操作の概念図

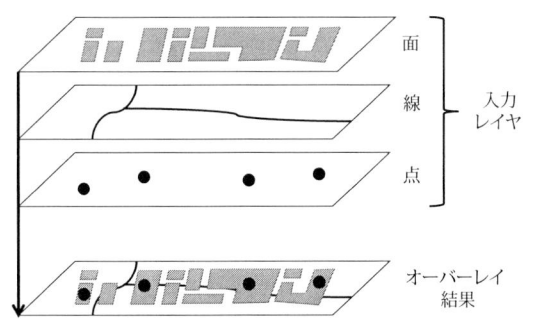

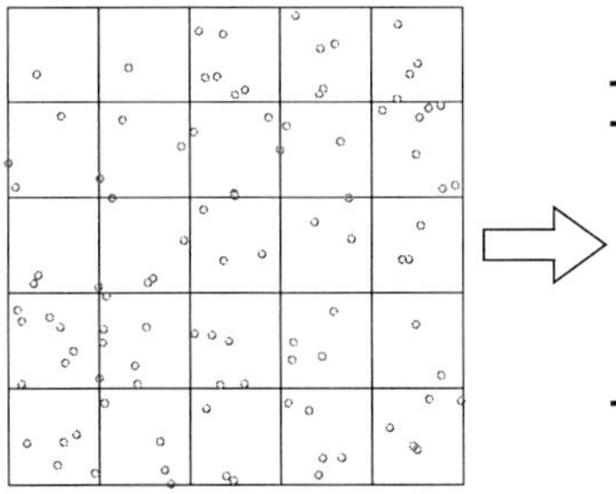

ポリゴンID	合計値	平均値
1	9.23	9.23
2	11.38	11.38
3	80.53	13.42
4	78.95	15.79
5	70.15	17.54
:	:	:
24	38.46	7.69
25	51.73	10.35

図2.18 ポイントデータ属性値のポリゴンごとの集計例

ータ）に内包される場合，ポイントデータの属性データをポリゴンデータごとに集計し，その合計や平均値などを計算することができる．また，ポイントデータが内包されるポリゴンデータの ID 番号や地名などを参照することができる．

2.3.2 ポリゴンデータの重ね合わせ

ポリゴンデータに別のポリゴンデータを重ね合わせることにより，削除，論理和，論理積，順位付けの積，更新といった操作を行うことができる．図 2.19 では，ポリゴンデータ A を入力データ，ポリゴンデータ B をオーバーレイデータとしたときに，それぞれの操作に対する出力結果を，グレーで示している．

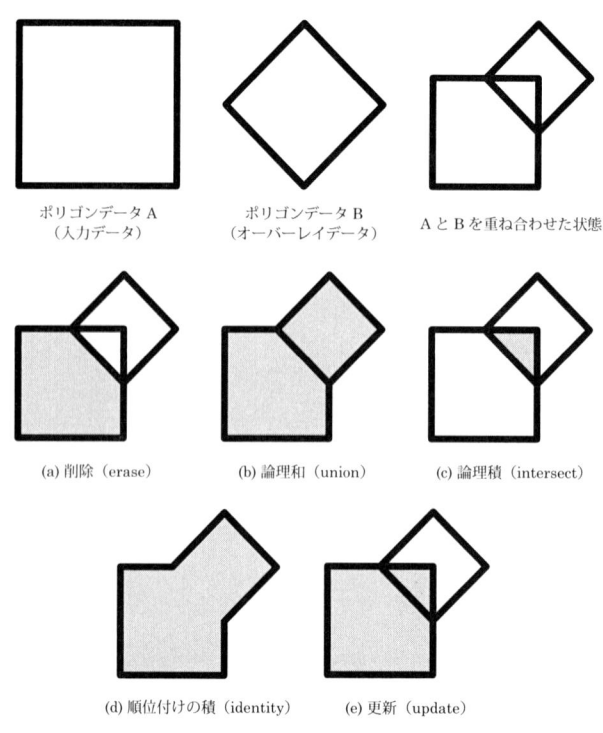

図 2.19 ポリゴンデータのオーバーレイ操作（グレー部分が出力結果）

(a) 削除（erase）

ポリゴンデータ A に対して別のポリゴンデータ B を重ね合わせ，重なっている部分を削除したポリゴンオブジェクトを新たに作成する．

(b) 論理和（union）

ポリゴンデータ A に対して別のポリゴンデータ B を重ね合わせ，各オブジェクトを結合して新しいオブジェクトを作成する．

(c) 論理積（intersect）

ポリゴンデータ A に対して別のポリゴンデータ B を重ね合わせ，各オブジェクトが交差している部分を抽出して新しいオブジェクトを作成する．

(d) 順位付けの積（identity）

ポリゴンデータ A に対して別のポリゴンデータ B を重ね合わせ，ポリゴンデータ B が重なっている部分を識別し，新しい属性をポリゴンデータ A に与える．

(e) 更新（update）

ポリゴンデータ A に対して別のポリゴンデータ B を重ね合わせ，ポリゴンデータ B の部分を更新して新しいオブジェクトを作成する．

R 分析例

例 1： 筆者のホームページ（http://web.sfc.keio.ac.jp/~maunz/wiki/）から，R 分析用データをダウンロードすると，本書の R 分析で用いているデータを利用することができる．

ここでは，横浜市の区境界ポリゴンデータ（`yoko.shp`）を読み込み，ポリゴンデータに区コード番号のテキストデータを重ねた地図を表示させてみよう．この横浜市の区境界ポリゴンデータは，商用 GIS ソフトである ArcGIS のシェープファイル形式（`.shp`）の GIS データである[1]．

シェープファイル形式の GIS データを読み込むために，`spdep` というパッケージを用いている．このパッケージには，ポリゴンデータを読み込むための `readShapePoly()` やポイントデータを読み込むための `readShapePoints()` などのコマンドが用意されている．

---

[1] 全国市区町村境界のシェープファイル形式データは，ESRI ジャパン社のホームページ（http://www.esrij.com/）から最新版をダウンロードして用いることができる．

```
# パッケージ spdep を使用
library(spdep)
# 横浜市区境界ポリゴンデータを読み込む
yoko <- readShapePoly("yoko.shp")
# ポリゴンデータの代表点座標を抽出
yoko_coord <- coordinates(yoko)
# 区境界データを表示
plot(yoko, col ="grey", border ="white")
text(yoko_coord[,1], yoko_coord[,2], yoko$JCODE, cex = 1.2,
col ="black")
```

この結果は，図 2.20 のようになる．

coordinates() 関数を使うと，地図オブジェクトの代表点座標を抽出することができる．地図オブジェクトの表示には，plot() 関数を用いている．引数 col と border を指定することで，ポリゴン領域と境界線の色を指定している．text() 関数は文字を表示する際に用いられる．各関数の詳細は，R のヘルプを参照してほしい．

例 2： x 座標 $[0,10]$，y 座標 $[0,10]$ の正方領域で，100 個の一様分布に従うランダムなポイントデータを発生させ，x 座標値と y 座標値の合計を z 座標値にもつポイントオブジェクトを作成してみよう．

ここでは，パッケージ sp の SpatialPoints() を使って 100 個のポイントデータを SpatialPoints 形式に変換したあと，SpatialPointsDataFrame() というコマンドを用いて SpatialPointsDataFrame 形式のポイントデータに再度変換している．

runif() 関数を使うと，ランダムな一様分布に従うデータを作成することができる．

```
# パッケージ sp を使用
library(sp)
# xy 座標値をランダムな一様分布に従うように生成
# x 座標
px <- runif(100, 0, 10)
# y 座標
py <- runif(100, 0, 10)
# x 座標と y 座標の合計値 px + py を点データの属性値 pz として作成し，
```

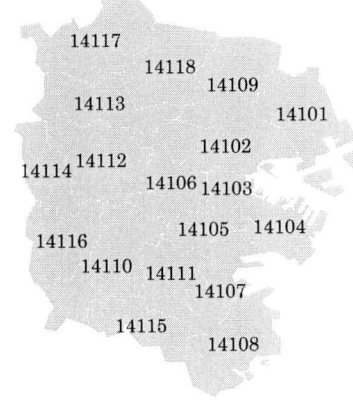

図 2.20 横浜市区境界の表示結果 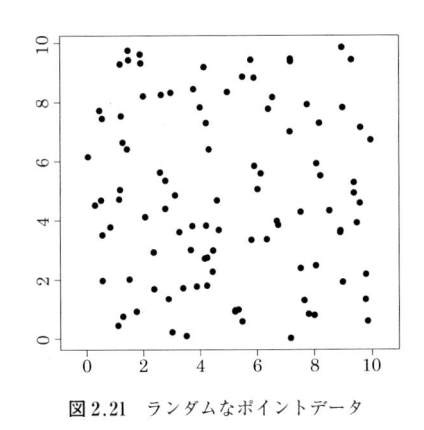　　図 2.21 ランダムなポイントデータ

```
# データフレームとして定義
pz <- as.data.frame(px + py)
# データフレーム pz に列名を与える
colnames(pz) <- c("pz")
# xy 座標データ列単位で結合し, SpatialPointsDataFrame 形式に変換
pnt_xy <- cbind(px, py)
pnt_sp <- SpatialPoints(data.frame(px, py))
pnt_spdf <- SpatialPointsDataFrame(pnt_sp, pz)
# 結果の表示
plot(pnt_spdf, pch = 20, cex = 1.4, axes = TRUE, cex.axis = 1.8)
```

この結果は，例えば図 2.21 のようになる．もっとも，ポイントデータの xy 座標をランダムに生成しているため，まったく同じ結果になることはまずない．

plot() 関数の引数 pch はポイントデータのシンボル，cex は拡大率，axes = TRUE は軸の表示，cex.axis は軸の拡大率をそれぞれ意味している．

参 考 文 献

1) 厳　網林 (2003)，『GIS の原理と応用』，日科技連出版社．
2) 総務省統計局 (2010)，『統計でみる都道府県のすがた 2010』，日本統計協会．

3 地域間の比較

本章では，地域間の比較をする際に用いられる，基礎的な尺度や手法について解説する．

空間データを扱う際には，その空間集計単位によって集計値が変動する．集計単位の規模によって分析結果やデータの見え方が異なる問題を**可変単位地区問題**（MAUP：modifiable area unit problem）という．2.2.1 項で見たように，人口数を市区町村単位で集計した場合より都道府県単位で集計した方が，人口規模は大きくなる．集計単位の規模に影響を受けることなく地区属性を比較する指標の一つに，地区属性を面積などで基準化した密度指標がある．3.1 節ではまず，ポイントデータを異なる集計地区単位で集計した際の度数と密度の問題について，理解を深める．

地域間の比較を行う際に，試験の平均得点，平均所得，平均視聴率など，しばしば「**平均**」が引き合いに出される．ワインを好む人であれば，「平均樹齢○○年の畑から収穫したブドウを使用」などという情報を参考にして，高樹齢ブドウのワインを選ぶ人もいるだろう．ここでいう平均樹齢とは，任意の空間で区切られた畑で栽培されるブドウの樹の樹齢の平均値を意味する．ところがワインの謳い文句をよく読んでみると，「最高樹齢△△年のブドウ樹からつくられています」とか，「樹齢○△年以上のブドウからできています」といったように書かれており，ブドウ畑には実に様々な樹齢のブドウ樹が植わっていることが推察できる．樹齢のばらつきを把握するには，平均値，最大値，最小値だけでなく，**分散**や**標準偏差**といった尺度を用いるとよいと思われるのだが，そのような情報を欲しがるのは野暮だろうか．いずれにせよ 3.2 節では，空間データの属性値について，これらの基本統計量をおさらいする．

3.3 節では，地域属性の差の比較方法を紹介する．推測統計学では，パラメ

トリックな検定（平均値の差の検定，母分散の差の検定など）や，ノンパラメトリックな検定（コルモゴロフ-スミルノフ検定など）を用いて，地域間の差の統計的有意性を示すことがある．標本数が少ない場合には，マルコフ連鎖モンテカルロ法（MCMC）を用いたベイズ推定により，地区属性の分布をシミュレーションする方法も有効である．また地域間格差を比較する方法としてジニ係数や地域特化係数などの尺度も用いられる．

3.1 密　　　度

　図 3.1(a) のように，1 km×1 km の正方領域のちょうど真ん中を中心にして，500 人が放射状に居住している地域があるとする．この地区の人口を，500 m 四方のラスターデータ（500 m メッシュデータ，図 3.1(b)）と 250 m 四方のラスターデータ（250 m メッシュデータ，図 3.1(c)），および図 3.1(d) のような形状の地区で集計した結果，それぞれ図中に示すような集計値になったとする．

　このとき，500 m メッシュで集計した場合は地区 A が，250 m メッシュで集計した場合は地区 B が，そして図 3.1(d) の形状の地区で集計した場合には地区 C が，最も人口の多い地区となる．500 m メッシュの場合は，地区間で人口数に大きな違いがないように見えるが，250 m メッシュの場合は中心地に近い地区が周辺の地区より人口数が多くなっていることがわかる．

　次に，各地区の人口数を面積で割ることにより，**人口密度**を計算することができる．ラスターデータの場合には，人口数に比例して人口密度が高くなる．図 3.1(d) の形状の地区で集計した場合，人口密度の分布は図 3.2 のようになる．やはり地区 C の人口密度が最も高いが，地区 D と地区 E を比較すると，地区 D の方が地区 E と比較して人口数が多いにもかかわらず，人口密度は地区 E の方が高くなっている．地区 C と地区 E とでは，人口数に大きな違いがないように見えるが，地区 C の面積は地区 E の面積の 1/3 であるため，地区 C の人口密度は地区 E のそれと比較して，非常に大きくなっている．

　こうした簡単な分析結果から，以下のようなことがわかる．まず，人口のような地区属性を比較するには，地区の規模や形状によって集計結果が異なるこ

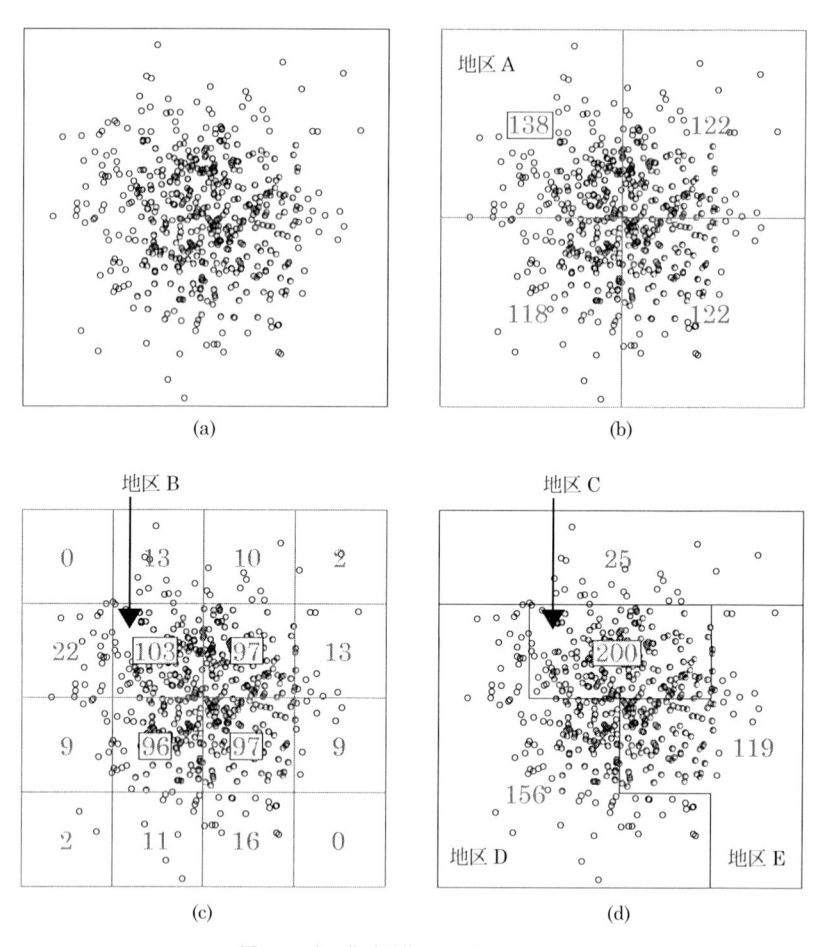

図3.1 空間集計単位による集計量の違い

とを避けるために,地区属性を面積で割った密度指標を用いることがより適切であるといえる.次に,ラスターデータは集計する地区形状と規模が地区間で同じであるために,地区ごとの集計値をそのまま密度指標として地区間の比較などに用いることができるという利点がある.人口などの社会経済データは,行政境界単位で集計されるのが一般的であるが,国勢調査データのようにメッシュ単位で集計されたデータが提供されているのは,このような理由によるためである.メッシュの規模によっても密度が異なることから,ラスターデータ

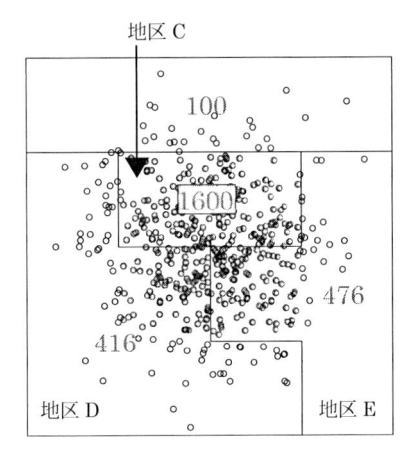

図 3.2 ポイントデータの密度

を用いた分析を行う際には，どのような集計単位で分析するのが適切かについて，配慮する必要がある．集計地区単位の規模に応じて統計分析の結果がどのように異なるのかについては，10.2 節で解説することにする．

3.2 属性値の基本統計量と標準化

3.2.1 平均・分散・標準偏差

毎年，テレビや新聞で，地価の調査結果に基づいて，「1 m^2 あたり最も土地の値段が高いところ」などが報じられる．バブル崩壊後は，もっぱら地価が下落した地区はどこか，あるいは地価が下げ止まった，などといったニュースが報道されている．国土交通省では，こういった地価公示や都道府県地価調査の結果を公開しており，国土数値情報ダウンロードサービス[1] から観測地点情報が入手できるようになっている．図 3.3 は，横浜市内における住宅地の公示地価（円/m^2）データを用いて都心部の地価データの分布を示しており，色が濃い地点ほど地価が高いことを意味している．

公示地価は，標準的な土地を**標本**（サンプル）として選び，その地点の単位面積あたりの更地としての価格を示した**標本データ**である．各地点 $i (=1, 2, \ldots, n)$ の地価を x_i とすると，その**標本平均** $\bar{x}$，**標本分散** s^2，**標本標**

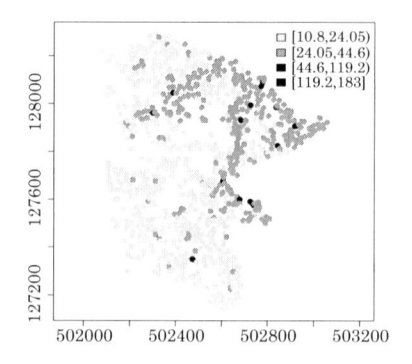

図 3.3 住宅地地価分布の表示例（単位：円/m^2）

準偏差 s は次式から得られる．

$$\bar{x} = \frac{1}{n}\sum_{i=1}^{n} x_i$$

$$s^2 = \frac{1}{n}\sum_{i=1}^{n}(x_i - \bar{x})^2$$

$$s = \sqrt{\frac{1}{n}\sum_{i=1}^{n}(x_i - \bar{x})^2}$$

標本データとしての住宅地公示地価は，すべての住宅地（つまり**母集団**）の地価が把握できているわけではない．母集団の平均や分散を**母平均** μ あるいは**母分散** σ^2 というが，標本分散は母分散の推定値にならないことがわかっている．標本の数が非常に大きいときは，母分散の正しい推定値となりうるとされる**不偏分散** v^2 や**不偏標準偏差** v が用いられる．

$$v^2 = \frac{1}{n-1}\sum_{i=1}^{n}(x_i - \bar{x})^2$$

$$v = \sqrt{\frac{1}{n-1}\sum_{i=1}^{n}(x_i - \bar{x})^2}$$

3.2.2 標準化

平均と標準偏差を用いて，属性データを平均が 0，標準偏差が 1 となるように**標準化**することができる．標準化された地価 $\widehat{x}_i$ は次式のように計算できる．

$$\widehat{x}_i = \frac{x_i - \bar{x}}{v}$$

単位の異なる二変数以上のデータを用いて空間分析を行う場合,標準化したデータを用いることで,単位に影響されることなく変数間の効果を直接分析できるようになる.また,そのままでは値が大きいデータでも,標準化したデータであれば,一定の範囲内でおさまるデータとして扱える利点もある.

調査データを用いて回帰分析などを行う場合,変数や誤差項が平均よりかなり離れた値をとり,その結果として仮定していた回帰モデルの適合度が低くなることがある.そのようなときには,標準化後の残差の値(標準化残差)の絶対値が大きい(例えば2~3以上)変数を**外れ値**とみなし,分析から除外するかどうかを検討することがある.

前述の住宅地地価データのような場合,都心部の観測地点では地価が平均地価と大きく乖離しているが,地価の回帰分析を行う際に高地価地点の標準化残差の絶対値が大きいからといって,分析から除外すべきではないだろう.

3.2.3 歪度・尖度

標準化した住宅地公示地価データの平均は0,標準偏差は1となる.横浜市のデータを用いてそのヒストグラムを示すと,図3.4のようになり,平均値よりやや下回る値のところにピークがあり,全体的に歪みのある形状をしていることがわかる.こういった分布形状を記述する尺度として,**歪度**と**尖度**がある.歪度 skewness は分布の対称性を示し,尖度 kurtosis は分布の裾の重さを示す指標であり,それぞれ以下のようにして得られる.ただし,歪度と尖度の定義は,教科書によって異なる場合がある.

$$skewness = \sum_{i=1}^{n} \frac{(x_i - \bar{x})^3}{nv^3}$$

$$kurtosis = \sum_{i=1}^{n} \frac{(x_i - \bar{x})^4}{nv^4}$$

3.3　地域属性の差の比較

わが国では,大気汚染状況が常時監視されており,例えば(独)国立環境研究所「環境数値データベース」[2)]からは,大気環境測定局のデータがダウンロ

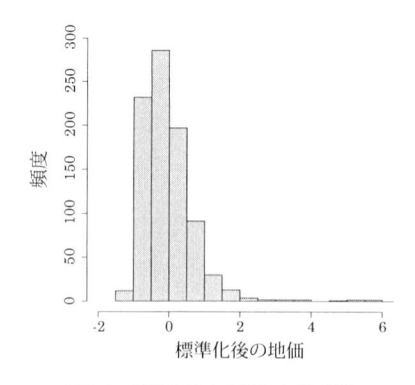

図 3.4　標準化後の地価分布表示例
（平均 0 の周囲を拡大表示）

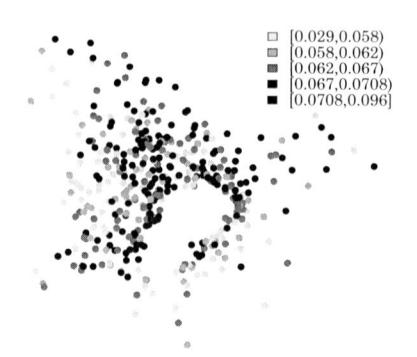

図 3.5　浮遊粒子状物質の分布表示例

ードできるようになっている．図 3.5 は，首都圏（一都三県）における浮遊粒子状物質（SPM）に関する観測データ（2007 年，日平均値の 2% 除外値，単位：mg/m^3）の空間分布を示したものである．この値が日平均での環境基準値以下になっているかどうかが，長期的評価で環境基準に適合しているかどうかの判断の基準となる．本節では，このデータを用いて，都県別に見た SPM 観測値の差を比較してみよう．

推測統計学では，**コルモゴロフ-スミルノフ検定**により分布の正規性を判断したあと，正規分布を仮定するのが適当と判断されたデータは，属性データの分散が等しいかどうかについて**等分散性の検定**を行い，**平均値の差の検定**という**パラメトリック検定**を行うことで，地域属性の分布を比較することができる．しかしデータが正規分布に従わない場合や標本数が少ない場合には，これらの方法が適用できず，**ウィルコクソンの順位和検定**などの**ノンパラメトリック検定**が有効である．

地区属性の分布形状や平均，分散などが事前情報としてわかっている場合，**マルコフ連鎖モンテカルロ法**などのシミュレーションにより，事後分布をベイズ推定する方法も適用できる．ベイズ推定する方法は，サンプル数が十分に大きくない場合でも，分布を比較できる利点がある．

(a) ヒストグラム

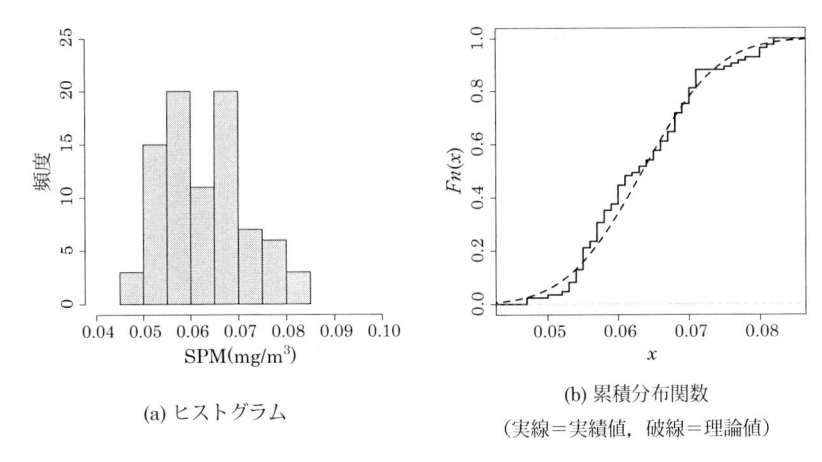

(b) 累積分布関数
（実線＝実績値，破線＝理論値）

図 3.6　SPM 観測値の分布（東京都のデータ）

3.3.1　コルモゴロフ-スミルノフ検定

コルモゴロフ-スミルノフ検定（KS 検定）は，異なる二標本のデータの分布が一致するかどうかを調べるために用いられる．空間データ分析では，与えられた標本が正規分布に従うかどうかを判断する際に，コルモゴロフ-スミルノフ検定がしばしば適用される．

一例として，SPM 観測データを都県別に分け，東京都の SPM 観測値が正規分布に従うかどうかをコルモゴロフ-スミルノフ検定を用いて仮説検定する．このとき，SPM 観測値のヒストグラムは図 3.6(a)，標本データの経験累積分

表 3.1　SPM 観測データの累積度数分布表

階級区分	標本データの経験累積度数	標本データの経験累積相対度数(A)	正規分布の累積度数	正規分布の累積相対度数(B)	(A)−(B)
0-0.050	3	0.035	5	0.055	0.020
0.051-0.055	18	0.212	13	0.158	0.054
0.056-0.06	38	0.447	29	0.341	0.107
0.061-0.065	49	0.576	49	0.572	0.005
0.066-0.07	69	0.812	66	0.780	0.031
0.071-0.075	76	0.894	78	0.914	0.020
0.076-0.08	82	0.965	83	0.975	0.010
0.081-0.085	85	1.000	85	0.995	0.005
0.086-0.09	85	1.000	85	0.999	0.001
0.091-0.095	85	1.000	85	1.000	0.000

布関数と正規分布の累積分布関数を描いた結果が図 3.6(b) のようになった.

コルモゴロフ-スミルノフ検定では，階級区分ごとに標本データの累積相対度数と正規分布の累積相対度数の差をとり，累積相対度数の差の絶対値が最大となる値 D を用いて，以下の χ^2 検定統計量を計算する.

$$\chi^2 = 4D \frac{n_1 n_2}{n_1 + n_2}$$

ここで，n_1 は標本データの個数，n_2 は正規分布のデータ数（この場合，標本データの個数と同じ）である.

SPM 観測データの累積相対度数と正規分布の累積相対度数が，表 3.1 のようになったとき，$D=0.107$ である.

実際にコルモゴロフ-スミルノフ検定を適用したところ，帰無仮説 H_0 「観測値が正規分布に従う」に対して p 値が 0.2899 となり，有意水準 5％で統計的に有意とならなかった. このため，帰無仮説が採択される，すなわち観測値が正規分布に従わないとはいえないとの結論が得られた.

R 分析例

```
# データの読み込み
tma_spm <- read.table("tma_spm.csv", sep =",", header = TRUE)
# ID 番号から都道府県コードを作成
tma_spm$KCODE <- floor(tma_spm$ID/1000000)
# 東京都のデータを抽出
spm_13 <- tma_spm[tma_spm$KCODE == 13,]
# コルモゴロフ-スミルノフ検定
ks.test(spm_13$SPM07, "pnorm",
mean(spm_13$SPM07), sd(spm_13$SPM07))
# ヒストグラムの図示
hist(spm_13$SPM07, col ="grey", xlim = c(0.04,0.10), ylim = c(0,25),
xlab ="SPM(mg/m3)", ylab ="頻度",
main ="", cex.lab = 1.2, cex.axis = 1.3)
# 累積分布関数の図示
# 実績値
plot(ecdf(spm_13$SPM07), do.point = FALSE, verticals = TRUE,
main ="", lwd = 2, cex.axis = 1.3, cex.lab = 1.2)
z <- seq(0.04, 0.09, by = 0.001)
# 理論値
lines(z, pnorm(z, mean = mean(spm_13$SPM07),
```

```
  sd = sd(spm_13$SPM07)), lty = 2, lwd = 2)
```

コルモゴロフ-スミルノフ検定の結果は以下のようになる．ここで，「タイがあるため，正しい p 値を計算することができません」という警告が示されるが，これは同順位のデータがあるため正しい p 値が算出できないということを意味しており，誤った p 値を計算しているわけではない．

```
> # コルモゴロフ・スミルノフ検定
> ks.test(spm_13$SPM07, "pnorm",
+ mean(spm_13$SPM07), sd(spm_13$SPM07))

  One-sample Kolmogorov-Smirnov test

data:  spm_13$SPM07
D = 0.1065, p-value = 0.2899
alternative hypothesis: two-sided

警告メッセージ:
In ks.test(spm_13$SPM07, "pnorm", mean(spm_13$SPM07), sd(spm_13$SPM07)) :
    タイがあるため、正しい p 値を計算することができません
```

3.3.2 等分散性の検定

等分散性の検定は，F 検定とも呼ばれる．二つの標本 1 と標本 2 について，次式で表される F 値を計算する．

$$F = \frac{s_1^2}{s_2^2}$$

ただし $s_1^2 > s_2^2$ である．

二標本の自由度をもとに，F 分布表から得られる有意水準 α のときの F_α 値を求め，帰無仮説 H_0 「分散が等しい」を棄却できるかどうか判定する．

例として，東京都と神奈川県の SPM 観測値の分布を用い，分散が等しいかどうかについて等分散性の検定を行った．その結果，F 値は 1.16 であったが，帰無仮説 H_0 「分散が等しい」に対して p 値が 0.4776 となり，有意水準 5% で統計的に有意であるとはいえなかった．このため，帰無仮説が採択される，すなわち SPM 観測値の分散が等しくないとはいえないとの結論が得られた．

R 分析例

```
# データの読み込み
tma_spm <- read.table("tma_spm.csv", sep =",", header = TRUE)
# ID 番号から都道府県コードを作成
tma_spm$KCODE <- floor(tma_spm$ID/1000000)
# 東京都のデータを抽出
spm_13 <- tma_spm[tma_spm$KCODE == 13,]
# 神奈川県のデータを抽出
spm_14 <- tma_spm[tma_spm$KCODE == 14,]
# 等分散性の検定を適用
var.test(spm_13$SPM07, spm_14$SPM07)
```

このとき，以下のような結果が得られる．

```
> var.test(spm_13$SPM07, spm_14$SPM07)

    F test to compare two variances

data:  spm_13$SPM07 and spm_14$SPM07
F = 1.1632, num df = 84, denom df = 92, p-value = 0.4776
alternative hypothesis: true ratio of variances is not equal to 1
95 percent confidence interval:
 0.7650673 1.7758304
sample estimates:
ratio of variances
          1.163229
```

3.3.3 平均値の差の検定

二つの標本分布に関して，いずれも正規分布に従い，互いに分散が等しいと考えられる分布については，平均値の差の検定を適用することで，地域属性の分布を比較できる．これは，帰無仮説 H_0「二つの標本の母平均が等しい」に対して，以下の検定統計量 t 値を計算し，その p 値が統計的に有意かどうかで帰無仮説を棄却するか採択するかを判断する方法である．

$$t = \frac{\bar{x}_1 - \bar{x}_2}{\sqrt{\dfrac{s_1^2}{n_1-1} + \dfrac{s_2^2}{n_2-1}}}$$

東京都と神奈川県の SPM 観測値の平均値の差の検定（等分散）を行ったところ，t 検定の結果，p 値が有意水準 5%で統計的に有意とならなかったため，平均値が等しくないとはいえないとの結論が得られた．また，東京都と神奈川

県とで平均値の差の検定（不等分散）を行ったところ，t 検定の結果，p 値が 0.9178 となり有意水準 5% で統計的に有意とならなかったため，同じく平均値が等しくないとはいえないとの結論が得られた．

R 分析例

t.test()コマンドを用いて，平均値の差の検定を行うことができる．コマンド中で，var.equal = T を指定すると等分散の検定，var.equal = F を指定すると不等分散の検定となる．

```
# 平均値の差の検定（等分散）
t.test(spm_13$SPM07, spm_14$SPM07, var.equal = T)
# 平均値の差の検定（不等分散）
t.test(spm_13$SPM07, spm_14$SPM07, var.equal = F)
```

すると，以下のような結果が得られる．

```
> # 平均値の差の検定（等分散）
> t.test(spm_13$SPM07, spm_14$SPM07, var.equal=T)

    Two Sample t-test

data:  spm_13$SPM07 and spm_14$SPM07
t = 0.1037, df = 176, p-value = 0.9175
alternative hypothesis: true difference in means is not equal to 0
95 percent confidence interval:
 -0.002281061  0.002534066
sample estimates:
 mean of x  mean of y
0.06347059 0.06334409

> # 平均値の差の検定（不等分散）
> t.test(spm_13$SPM07, spm_14$SPM07, var.equal=F)

    Welch Two Sample t-test

data:  spm_13$SPM07 and spm_14$SPM07
t = 0.1033, df = 171.301, p-value = 0.9178
alternative hypothesis: true difference in means is not equal to 0
95 percent confidence interval:
 -0.002289745  0.002542750
sample estimates:
 mean of x  mean of y
0.06347059 0.06334409
```

3.3.4 ウィルコクソンの順位和検定

ウィルコクソンの順位和検定は，標本数が少ない場合や，明らかに正規分布に従わない場合など，t 検定などのパラメトリックな検定が適用できない際に用いられる，ノンパラメトリック検定の一つである．この検定では，符号付き順位和という検定量を用いている[3]．

3.2 節で用いた地価データを都県別に分解し，コルモゴロフ-スミルノフ検定を適用したところ，どの自治体でも正規分布に従わないと結論づけられた．そこで，ウィルコクソンの順位和検定を行った．地価の平均値が比較的近い値を示している栃木県と群馬県について適用したところ，p 値が 0.00015 となり有意水準 5% で統計的に有意となり，帰無仮説 H_0 「二つの県の地価平均値が等しい」が棄却され，この二県では地価の平均値に差があるとの結論が得られた．

R 分析例

```
# 地価データ
lph <- read.table("lph2010.csv", sep =",", header = TRUE)
# 都県別にデータを集計
lph$KCODE <- floor(lph$JCODE/1000)
lph_09 <- lph[lph$KCODE == 9,]     # 栃木県
lph_10 <- lph[lph$KCODE == 10,]    # 群馬県
# Wilcoxon の順位和検定
wilcox.test(lph_09$lph2010, lph_10$lph2010)
```

この結果は，以下のようになる．

```
> # Wilcoxonの順位和検定
> wilcox.test(lph_09$lph2010, lph_10$lph2010)

    Wilcoxon rank sum test with continuity correction

data:  lph_09$lph2010 and lph_10$lph2010
W = 61595, p-value = 0.0001578
alternative hypothesis: true location shift is not equal to 0
```

3.3.5 ベイズ法による標本分布の比較

観測データを，都道府県のような比較的大きな空間集計単位を用いて比較す

る場合には，標本地点数が多いためにパラメトリック検定が可能であるが，市区町村のようなより小さい空間集計単位で比較する場合には，標本地点数が十分に多く得られない状況がしばしばある．標本数が少ない場合に地域属性間の差の比較を行うノンパラメトリックな方法の一つに，マルコフ連鎖モンテカルロ法などを用いて標本数が多い場合の事後分布を推定し，平均値に差があるとした場合の確率を比較する方法が提案されている[4]．

地区 j について標本平均 $\bar{x}_j$ が既知であるとき，対象地区内の母集団に対するデータが得られたときの平均 μ_j と分散 σ_j^2 を知ることができれば，地区間の平均の差を比較できるようになる．ここで，地区内 $j(=1, 2, \ldots, m)$ の母集団のデータ $\{x'_{1j}, x'_{2j}, \ldots, x'_{nj}\}$ が互いに独立で同一な正規分布に従うとする．また n_j は地区 j 内の標本数を意味する．

$$\{x'_{1j}, x'_{2j}, \ldots, x'_{nj}\} \sim N(\mu_j, \sigma_j^2)$$

各地区の標本値と分散が与えられるとき，母平均は次のような正規分布に従う．

$$\{\mu_j | x_{1j}, x_{2j}, \ldots, x_{nj}, \sigma_j^2\} \sim N\left(\frac{n_j \bar{x}_j/\sigma_j^2 + 1/\tau^2}{n_j/\sigma_j^2 + 1/\tau^2}, \frac{1}{n_j/\sigma_j^2 + 1/\tau^2}\right)$$

ただし各地区の分散 $\{\sigma_1^2, \sigma_2^2, \ldots, \sigma_m^2\}$ は，互いに独立で同一な正規分布に従う．

$$\{\sigma_1^2, \sigma_2^2, \ldots, \sigma_m^2\} \sim \Gamma\left(\frac{v_0}{2}, \frac{v\sigma_0^2}{2}\right)$$

すると，地区 j の分散 σ_j^2 は次のような逆 Γ 関数に従う．

$$\{\sigma_j | x_{1j}, x_{2j}, \ldots, x_{nj}, \mu_j\} \sim \Gamma^{-1}\left(\frac{v_0 + n_j}{2}, \frac{v_0\sigma_0^2 + \sum_{j=1}^{m}(x_{ij} - \mu_j)^2}{2}\right)$$

このとき v_0，σ_0^2，τ^2 についての事前情報を与え，マルコフ連鎖モンテカルロ法により事後分布を生成することで，各地区の平均 μ_j と分散 σ_j^2 を得ることができる．

例えば，神奈川県の三浦半島地域の 5 市町の住宅地地価分布を比較したものが図 3.7 および図 3.8 である．このうち，逗子市と葉山町の標本数はそれぞれ 19 地点と 14 地点であり，住宅地地価の標本平均値は 184,631.6 円/m^2 および 155,428.6 円/m^2 となっている．これら二市町は，神奈川県内でも有数の高級住宅地がある自治体として知られている．住宅地地価の標本地点数が少ないため，ただちに平均値の差の検定を適用することが難しい．

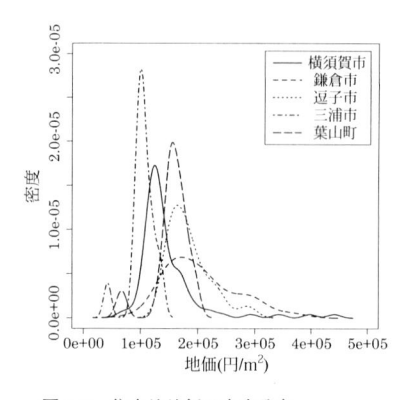

図 3.7 住宅地地価の密度分布
（1e+05 は 1.0×10^5 を意味する）

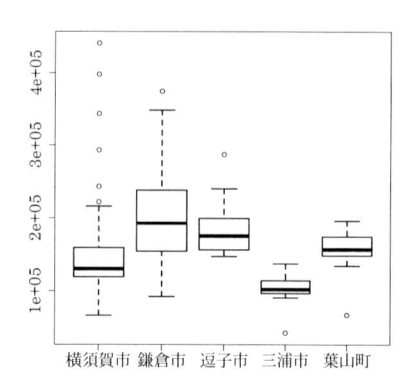

図 3.8 住宅地地価の分布（箱ひげ図）

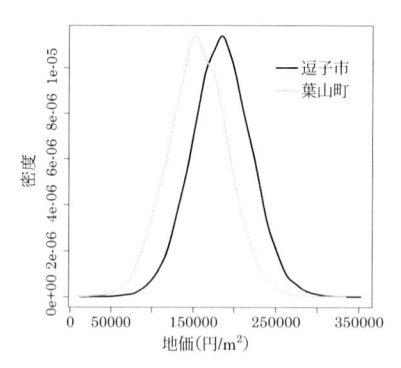

図 3.9 住宅地地価の事後分布

そこで，前述の方法でマルコフ連鎖モンテカルロ法により住宅地地価の事後分布を計算したところ，図 3.9 のような分布が得られた．10,000 回のシミュレーションにより得られた住宅地地価の平均値は，逗子市が 184,191.6 円/m^2，葉山町が 155,879.4 円/m^2 となった．また，逗子市の住宅地地価の平均値が葉山町のそれより大きくなる確率は 0.7152 となった．この結果から，逗子市の住宅地平均地価は，葉山町の住宅地平均地価と比較して相対的に高いと判断してよいだろう[*1]．

[*1] ただし，地価データを正規分布に近似させるのが適切かどうかについては，議論の余地がある．

3.4　地域間格差

地域間の不平等格差を示す尺度として，**ジニ係数**や**変動係数**などが用いられる．また，地域が特定の産業などに特化しているかどうかを示す尺度として，**特化係数**などが用いられる．

3.4.1　ジニ係数

ジニ係数は，値が1に近づくほど地域間の不平等（格差）の度合いが高いことを，0に近いほど地域間の平等の度合いが高いことを示す尺度として用いられる．地域 $i(=1, 2, ..., n)$ の属性を x_i，地区属性の標本平均を $\bar{x}$ とすると，ジニ係数 G は次式のように表される．

$$G = \sum_{i=1}^{n} \sum_{j=1}^{n} \frac{|x_i - x_j|}{2n^2 \bar{x}}$$

文献[5]に示されている都道府県別一人あたり県民所得のデータを用いてジニ係数を計算すると，0.082 であった．

ジニ係数に示される地域間の不平等の状況を可視化する方法として，ローレンツ曲線がある．全く地域間の格差が存在しない場合には，ローレンツ曲線は 45° 線と一致する．格差が存在する場合は，45° 線とローレンツ曲線とで囲まれた弓形の部分の面積を二倍した値が，ジニ係数の値と一致する．前述の都道

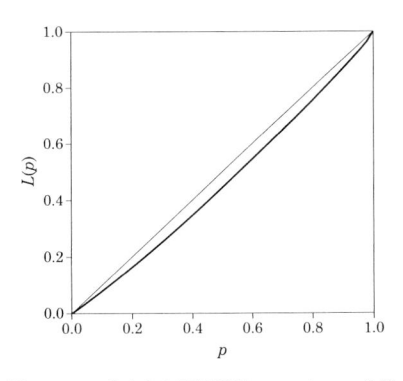

図 3.10　一人あたり県民所得のローレンツ曲線

府県別一人あたり県民所得データをもとにローレンツ曲線を描いた結果を，図3.10 に示す．細い実線が 45°線であるのに対して，太い実線がローレンツ曲線を表している．

3.4.2 変動係数

変動係数 Cv は，地区属性の標本標準偏差 s を用いて，次式から得られる．変動係数が大きいほど，格差が大きいことを示す尺度として用いられる．

$$Cv = \frac{s}{\bar{x}} = \frac{\sqrt{\sum_{i=1}^{n}(x_i - \bar{x})^2/n}}{\bar{x}}$$

3.4.3 地域特化係数

いま，地域 i の産業部門 $k(=1, 2, ..., K)$ に従事する従業人口数を x_{ik} とする．このとき，産業部門 k の地域特化係数（coefficient of localization）CL は，以下のように表される．地域特化係数が 1 より大きければ，地域 i は産業部門 k に特化しているといえる．

$$CL = \frac{x_{ik}}{\sum_{k=1}^{K} x_{ik}} \bigg/ \frac{\sum_{i=1}^{n} x_{ik}}{\sum_{i=1}^{n}\sum_{k=1}^{K} x_{ik}}$$

文献[5]に示されている都道府県別 65 歳以上人口について，総人口に対する地域特化係数を計算したところ，図 3.11 に示すような分布となった．この図では，色が濃いほど，地域特化係数が高い，すなわち高齢者の割合がほかの都

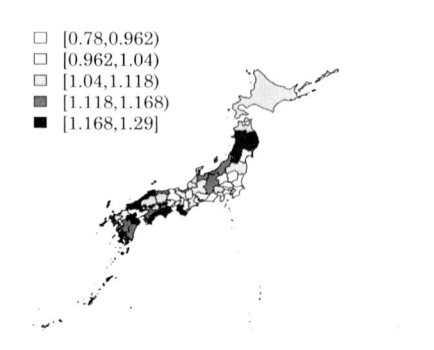

図 3.11　65 歳以上人口の地域特化係数の分布

道府県と比較して相対的に高いことを意味している．このような分布を見ることで，どの自治体が高齢化の傾向が著しいかを把握することができる．

参 考 文 献

1) 国土交通省国土計画局・国土数値情報ダウンロードサービス，
   http://nlftp.mlit.go.jp/ksj/
2) （独）国立環境研究所『環境数値データベース』，
   http://www.nies.go.jp/igreen/index.html
3) 小暮厚之（2009），『R による統計データ分析入門（シリーズ〈統計科学のプラクティス〉1)』，朝倉書店．
4) Hoff, P. D.(2009), *A First Course in Bayesian Statistical Methods*, Springer-Verlag.
5) 総務省統計局（2010），『統計でみる都道府県のすがた 2010』，日本統計協会．

4 空間データの分類と可視化

　空間情報や空間分析の結果を有効に可視化するために、**主題図**と呼ばれる地図が作成される。主題図とは、人口や土地利用、交通、経済、医療、環境など、特定の利用目的に応じたテーマを表現した地図のことを指す。また GIS を用いると、複数の地図レイヤの重ね合わせ（オーバーレイ）や、主題図どうしの重ね合わせ処理を容易に行うことが可能である。

　主題図は、①属性データをもつ地図情報を準備する、②カラーパレットを用意する、③**階級区分**を定義する、④主題図を描く、という順番で作成する。本章では、単一変量の空間属性データを何段階かに区分する階級区分の定義方法を中心に、主題図を使った空間情報の可視化手法を扱う。

　階級区分を用いた主題図を**階級区分図**（コロプレスマップ）ともいう。属性データを階級区分する方法として、等量分類、等間隔分類、標準偏差分類、自然分類、区分値を指定する分類、非階層クラスタリングによる分類、階層クラスタリングによる分類などがある。

4.1 等量分類

　等量分類とは、階級数を指定することで、各階級に区分される地区数が等しくなるように分類する方法である（図 4.1）。4 つの階級に区分した場合、四分位数（最小値から見て 25％値、50％値、75％値）で属性データが区分される。

R 分析例

　以下の分析例では、文献[1]に記載されたデータなどを用い、①日本全国の地図データの読み込み、②属性テーブルの読み込み、③地図データと属性データのマッチング、④カラーパレットと階級分類方法の指定、⑤地図の表示、⑥タ

4.1 等 量 分 類   45

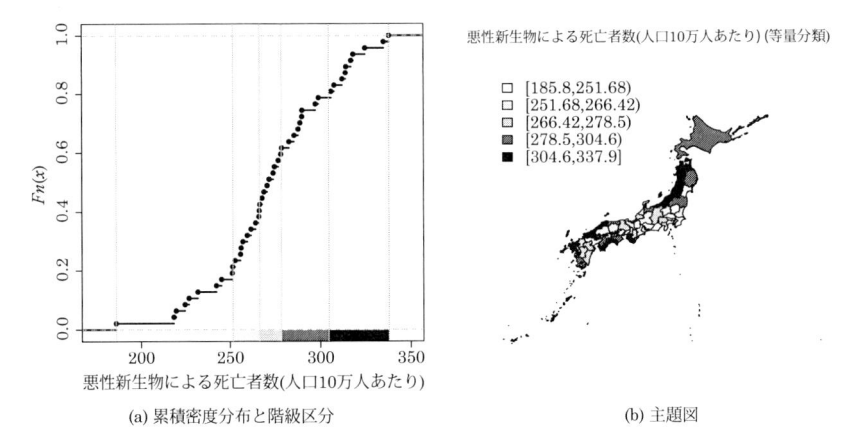

(a) 累積密度分布と階級区分

(b) 主題図

図 4.1　等量分類による主題図の作成例

イトルや凡例の表示，という手順で主題図を作成している．

　主題図をつくるために，二つのパッケージを使用している．パッケージ maptools は，主に空間オブジェクトの読み込みや操作を行う際に用いられる．また，パッケージ classInt は階級区分やカラーパレットを定義する際に用いられる．

　地図データと属性データをマッチングする際には，2.2.4 項に示したように，地図データの空間データテーブルと属性データテーブルに共通する項目（この場合は，市区町村コード"JCODE"）を用いて各テーブルをマッチングさせている．

　カラーパレット（以下の例では pal0）は，地区属性が大きくなるほど濃いグレーになるように指定している．等量分類を行う場合には，classIntervals() 関数の引数 style に quantile を指定する．図 4.1(a) に示されているように，一つの階級に分類されている地区数は，階級区分ごとにほぼ同数（この場合は 9 地区ないし 10 地区）となっている．

　タイトルと凡例を表示することで，主題図が何を意味しているかを理解しやすくなる．それぞれ，title() 関数と legend() 関数を用いて表示することができる[*1]．

[*1] タイトルや凡例に日本語が表示できるかどうかは，OS（オペレーティングシステム）によって設定方法が異なる．日本語が表示できない場合は，OS に応じて表示設定をするとよい．

```
# パッケージ maptools と classInt を使用
library(maptools)
library(classInt)
# 地図データの読み込み
jpn_pref <- readShapePoly("jpn_pref.shp", IDvar ="PREF_CODE")
# 属性テーブルと空間データテーブルとの結合
jpn_COD <- read.table("COD.csv", sep =",", header = TRUE)
ID.match <- match(jpn_pref$PREF_CODE, jpn_COD$PREF_CODE)
jpn_COD1 <- jpn_COD[ID.match,]
jpn_pref_COD <- spCbind(jpn_pref,jpn_COD1)
names(jpn_pref_COD)
summary(jpn_pref_COD)
# カラーパレットの作成
pal0 <- c("white", "grey", "grey2")
# 等量分類
q_pref <- classIntervals(round(jpn_pref_COD$malignant, 2),
n = 5, style ="quantile")
# 累積密度分布図
plot(q_pref, pal = pal0, cex.axis = 1.3, cex.lab = 1.2,
lwd = 2, main ="",
xlab ="悪性新生物による死亡者数（人口10万人あたり)")
q_pref_Col <- findColours(q_pref,pal0)
# 主題図
plot(jpn_pref_COD,col = q_pref_Col)
title("悪性新生物による死亡者数（人口10万人あたり)(等量分類)",
cex = 1.4)
legend("topleft", fill = attr(q_pref_Col, "palette"), cex = 1.4,
legend = names(attr(q_pref_Col,"table")), bty ="n")
```

4.2　等間隔分類

　等間隔分類は，データの最大値と最小値の差（＝属性データの範囲）を階級数で割って，等間隔で分類する方法である（図4.2）．

R 分析例

```
# 等間隔分類
eq_pref <- classIntervals(round(jpn_pref_COD$malignant, 2),
n = 5, style ="equal")
```

4.3 標準偏差分類

```
# 累積密度分布図
plot(eq_pref, pal = pal0, cex.axis = 1.3, cex.lab = 1.2, lwd = 2,
main ="", xlab ="悪性新生物による死亡者数（人口10万人あたり)")
eq_pref_Col <- findColours(eq_pref,pal0)
# 主題図
plot(jpn_pref_COD,col = eq_pref_Col)
title("悪性新生物による死亡者数（人口10万人あたり)(等間隔分類)",
cex = 1.4)
legend("topleft", fill = attr(eq_pref_Col,"palette"), cex = 1.4,
legend = names(attr(eq_pref_Col,"table")), bty ="n")
```

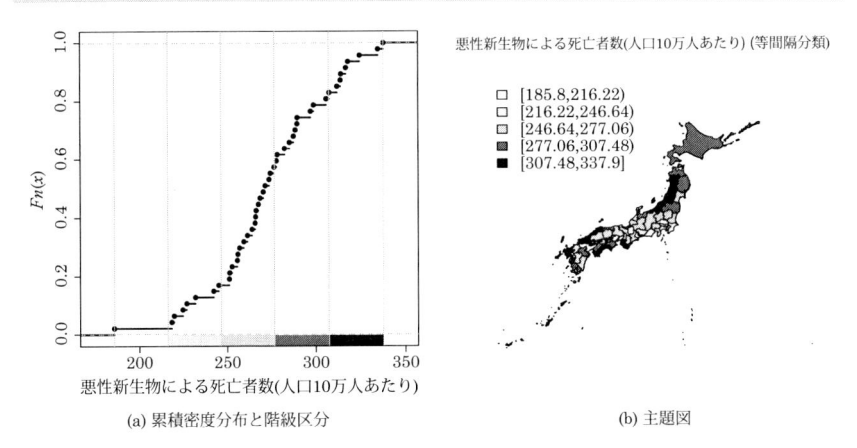

(a) 累積密度分布と階級区分

(b) 主題図

図4.2　等間隔分類による主題図の作成例

4.3　標準偏差分類

標準偏差分類は，データの平均値 $\bar{x}$ と標準偏差 s を用いて，平均値からの乖離度を $\bar{x}\pm s, \bar{x}\pm 2s, \ldots$ といったように，平均値に標準偏差をプラスマイナスして示す方法である（図4.3）．

R 分析例

```
# 標準偏差分類
sd_pref <- classIntervals(round(jpn_pref_COD$malignant, 2),
n = 5, style ="sd")
```

```
# 累積密度分布図
plot(sd_pref, pal = pal0, cex.axis = 1.3, cex.lab = 1.2, lwd = 2,
main ="", xlab ="悪性新生物による死亡者数（人口10万人あたり）")
sd_pref_Col <- findColours(sd_pref,pal0)
# 主題図
plot(jpn_pref_COD,col = sd_pref_Col)
title("悪性新生物による死亡者数（人口10万人あたり）(標準偏差分類)",
cex = 1.4)
legend("topleft", fill = attr(sd_pref_Col,"palette"), cex = 1.4,
legend = names(attr(sd_pref_Col,"table")), bty ="n")
```

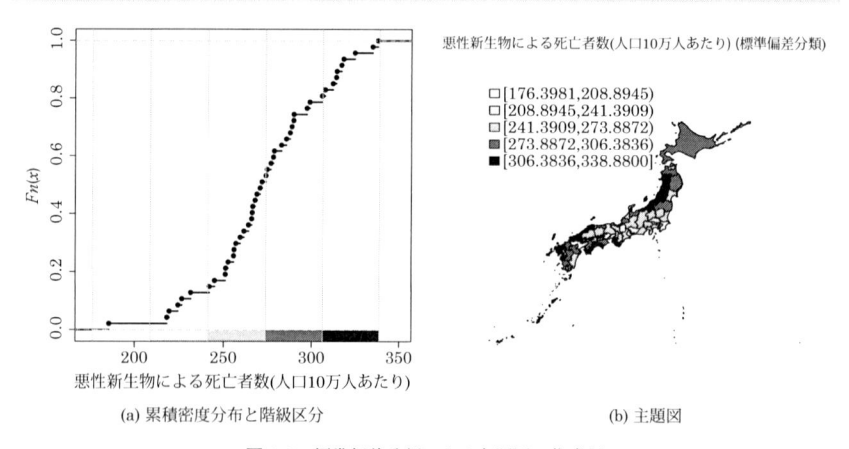

(a) 累積密度分布と階級区分   (b) 主題図

図 4.3 　標準偏差分類による主題図の作成例

4.4　自　然　分　類

　自然分類は，データの変化点が比較的大きいところに閾値を設定して区分する方法である（図 4.4）．Jenks の最適化法や Fisher-Jenks の最適化法などの分類方法が提案されている．

R 分析例

```
# 自然階級分類
fj_pref <- classIntervals(round(jpn_pref_COD$malignant, 2),
style ="fisher")
# 累積密度分布図
plot(fj_pref, pal = pal0, cex.axis = 1.3, cex.lab = 1.2, lwd = 2,
```

```
main ="", xlab ="悪性新生物による死亡者数（人口10万人あたり)")
fj_pref_Col <- findColours(fj_pref,pal0)
# 主題図
plot(jpn_pref_COD,col = fj_pref_Col)
title("悪性新生物による死亡者数（人口 10 万人あたり)(Fisher-Jenks
法)", cex = 1.4)
legend("topleft", fill = attr(fj_pref_Col,"palette"), cex = 1.4,
legend = names(attr(fj_pref_Col,"table")), bty ="n")
```

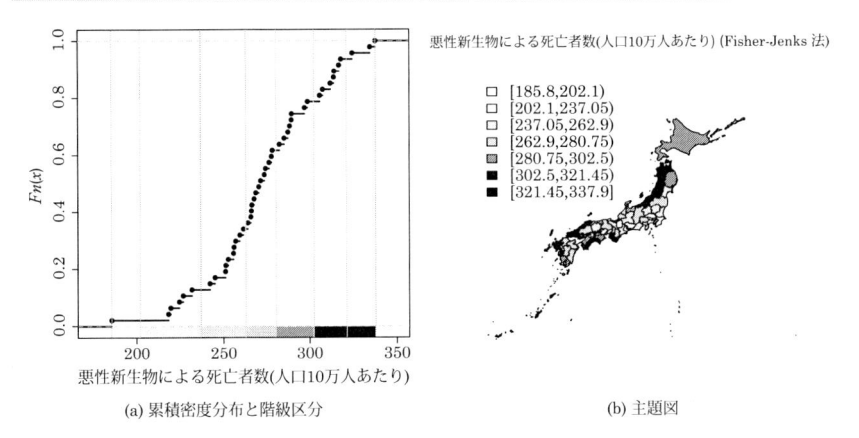

(a) 累積密度分布と階級区分　　　　(b) 主題図

図 4.4　自然分類による主題図の作成例

4.5　区分値を指定する分類

　階級区分の区分値を指定することにより，任意に階級区分図を作成できる（図 4.5）．この方法は，同じ区分値で複数の階級区分図を比較したいときなどに用いられる．

R 分析例

```
# 階級区分を指定した分類
fix_pref <- classIntervals(round(jpn_pref_COD$malignant, 2),
n = 4, style ="fixed",
fixedBreaks = c(0, 200, 250, 300, 350))
# 累積密度分布図
plot(fix_pref, pal = pal0, cex.axis = 1.3, cex.lab = 1.2, lwd = 2,
main ="", xlab ="悪性新生物による死亡者数（人口 10 万人あたり)")
```

```
fix_pref_Col <- findColours(fix_pref,pal0)
# 主題図
plot(jpn_pref_COD,col = fix_pref_Col)
title("悪性新生物による死亡者数（人口 10 万人あたり)(階級区分指定)",
cex = 1.4)
legend("topleft", fill = attr(fix_pref_Col,"palette"),
cex = 1.4,legend = names(attr(fix_pref_Col,"table")), bty ="n")
```

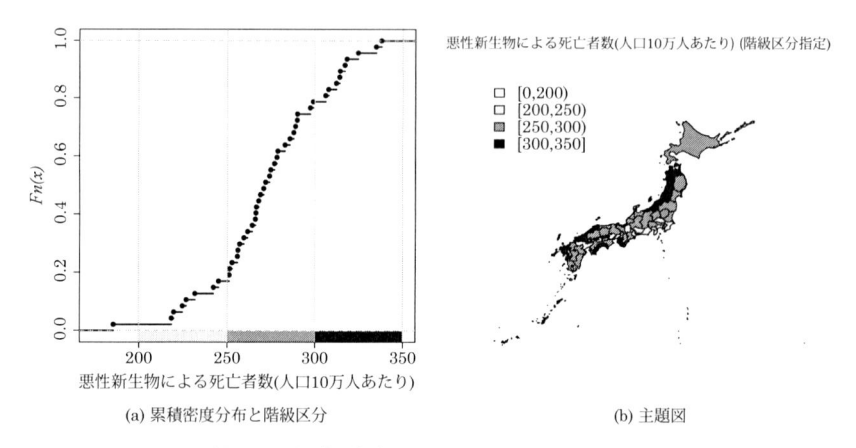

(a) 累積密度分布と階級区分   (b) 主題図

図 4.5　区分値を指定する分類による主題図の作成例

4.6　非階層クラスタリングによる分類

　k-means 法と呼ばれる非階層クラスタリング手法を用いて分類する方法がある．k-means 法は，あらかじめクラスタ数を決めておき，区分されたグループ内に属する空間属性データの重心から最も近い空間属性をもつ地区を同じグループに類型化する方法である（図 4.6）．

R 分析例

```
# 非階層クラスタリングによる分類
km_pref <- classIntervals(round(jpn_pref_COD$malignant, 2),
n = 5, style ="kmeans")
# 累積密度分布図
plot(km_pref, pal = pal0, cex.axis = 1.3, cex.lab = 1.2, lwd = 2,
```

```
main ="", xlab ="悪性新生物による死亡者数（人口 10 万人あたり)")
km_pref_Col <- findColours(km_pref,pal0)
# 主題図
plot(jpn_pref_COD,col = km_pref_Col)
title("悪性新生物による死亡者数(人口 10 万人あたり)(非階層クラスタリン
グ)", cex = 1.4)
legend("topleft", fill = attr(km_pref_Col,"palette"), cex = 1.4,
legend = names(attr(km_pref_Col,"table")), bty ="n")
```

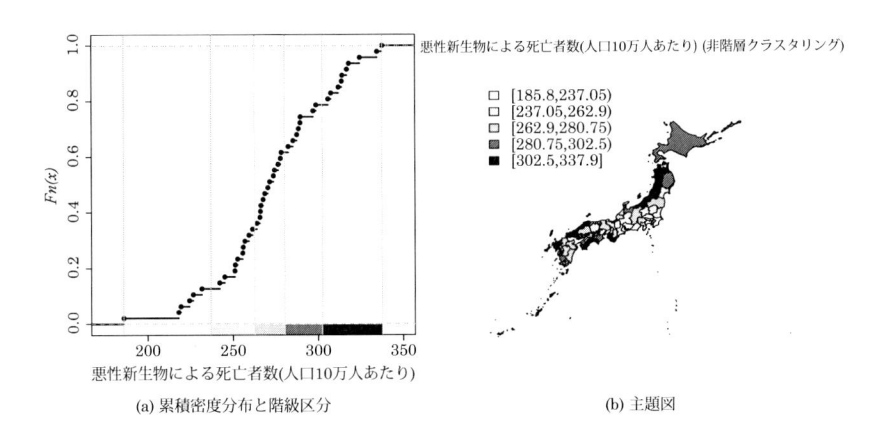

(a) 累積密度分布と階級区分 (b) 主題図

図 4.6 非階層クラスタリング分類による主題図の作成例

4.7 階層クラスタリングによる分類

階層クラスタリングと呼ばれるクラスタリング手法を用いて分類する方法がある（図 4.7）．階層クラスタリングでは，空間属性データを用いて空間データ間の距離を算出し，属性値が近い空間オブジェクトを階層的に同じクラスタに区分する．

R 分析例

```
# 階層クラスタリングによる分類
hc_pref <- classIntervals(round(jpn_pref_COD$malignant, 2),
n = 5, style ="hclust", method ="complete")
# 累積密度分布図
```

```
plot(hc_pref, pal = pal0, cex.axis = 1.3, cex.lab = 1.2, lwd = 2,
main ="", xlab ="悪性新生物による死亡者数（人口10万人あたり）")
hc_pref_Col <- findColours(hc_pref,pal0)
# 主題図
plot(jpn_pref_COD,col = hc_pref_Col)
title("悪性新生物による死亡者数（人口10万人あたり）(階層クラスタリン
グ)", cex = 1.4)
legend("topleft", fill = attr(hc_pref_Col,"palette"), cex = 1.4,
legend = names(attr(hc_pref_Col,"table")), bty ="n")
```

非階層クラスタリングとは異なり，クラスタ数をあらかじめ決めることはしない．クラスタ間の距離を表す方法として，最近隣法，最遠隣法，群平均法，重心法，メディアン法，ウォード法などがある．階層クラスタリングを用いて階層区分を定義する際には，属性データをあらかじめ標準化しておくとよい．

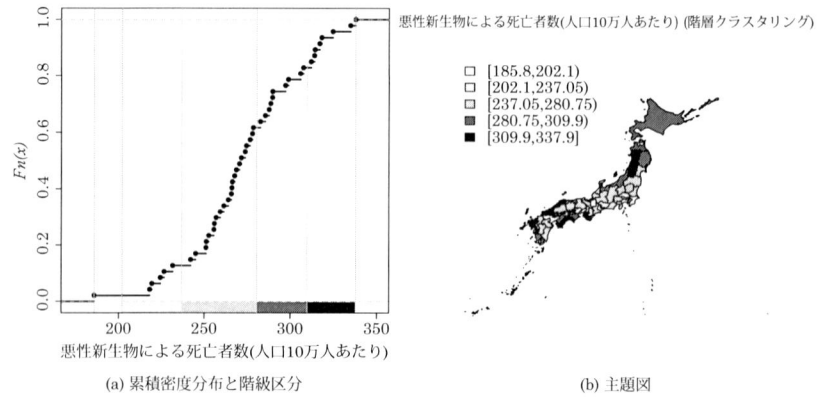

(a) 累積密度分布と階級区分　　　　　　　　(b) 主題図

図 4.7　階層クラスタリング分類による主題図の作成例

4.8　ドットマップ

ポリゴンデータの属性の大小を，ドットの数や大きさで表現した主題図を，**ドットマップ**という．例えば，東北地方の人口総数に対するドットマップを作成するとき，人口5万人をドット1つで表現すると，図4.8のようになる．

図 4.8　ドットマップの作成例　　　　図 4.9　シンボルマップの作成例

この方法は，ドットの分布が地区属性の密度分布のように見えるという利点があるが，地区属性に大きな差がない場合，ドットの密度の違いが視覚的に把握しにくいことがある．

4.9　シンボルマップ

任意のシンボルを用いて，地区属性の大きさをシンボルの大きさに比例させて表現することができる．例えば，東北地方の高血圧死亡者数を円の大小で比較すると，図 4.9 のようになる．

R 分析例

シンボルマップを作成するには，`symbols()` 関数を使う方法や，`points()` 関数などの中で引数 `symbol` を指定する方法などがあるが，以下の例では前者の方法を紹介する．

```
# ポリゴンデータの読み込み
tohoku_COD <- readShapePoly("tohoku_COD.shp")
# 座標の抽出
tohoku_coord <- coordinates(tohoku_COD)
```

```
# symbols() 関数を使う方法
plot(tohoku_COD, col = "grey", border = "white", lwd = 2)
symbols(x = tohoku_coord[, 1], y = tohoku_coord[, 2],
circles = tohoku_COD$hypertensi/35, inch = FALSE, bg = "black",
add = TRUE)
text(x = tohoku_coord[, 1], y = tohoku_coord[, 2] + 0.3, cex = 1.3,
col = "black", c("青森県", "岩手県", "宮城県", "秋田県", "山形県",
"福島県"))
```

4.10　複数の属性データの表示

棒グラフや円グラフなどのグラフを，ポリゴンデータ上にプロットすることで，複数の属性データを表示することができるようになる（図 4.10）．

R 分析例

ポリゴンデータ上に棒グラフなどをプロットするには，パッケージ TeachingDemos の subplot() 関数を用いる．

```
# パッケージ TeachingDemos を使用
library(TeachingDemos)
# 棒グラフで表示するデータテーブルを作成
tohoku_COD2 <- cbind(tohoku_COD$Pop_Dens,
tohoku_COD$malignant)
# ポリゴンデータを表示
plot(tohoku_COD)
# 棒グラフを表示
for(i in 1 : nrow(tohoku_COD)) {
subplot(barplot(tohoku_COD2[i,], yaxt = "n",
col = c("grey", "black")),
x = tohoku_coord[i,1], y = tohoku_coord[i,2], vadj = 0,
size = c(0.4, 0.6))}
# 凡例を表示
legend(138, 41.5, c("人口密度", paste("悪性新生物", "死亡者数",
sep = "\n")), cex = 1.3, fill = c("grey", "black"), bty = "n")
```

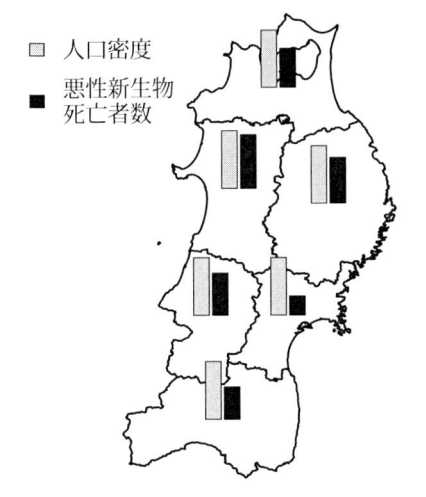

図 4.10 地図に棒グラフをオーバーレイさせた結果

参 考 文 献

1) 総務省統計局 (2008),『統計でみる都道府県のすがた 2008』, 日本統計協会.

5 空間的自己相関

　本章では，空間データの統計分析を行う上で基本となる，空間オブジェクト間の隣接関係を定義する**空間隣接行列**と，それに基づく**空間重み付け行列**について解説する．その上で，空間オブジェクトの属性データについての**空間的自己相関**の有無を検出する指標を紹介する．

　自己相関（autocorrelation）は，時系列解析においてよく知られる概念である．時系列自己相関のアナロジーから，空間データの系列相関を扱う際にも用いられる．空間的自己相関とは，おおまかにいえば，空間オブジェクトの属性データが，互いに近い地域・地点どうしで似たような値を示す傾向があるか，それともランダムに分布する傾向があるかを示す指標である．ポイントオブジェクトやポリゴンオブジェクトに対して，このような分析を適用することが多い．

　空間的自己相関を計算するためには，空間隣接行列と空間重み付け行列を用いる．空間隣接行列は，空間オブジェクト間の隣接関係を表す．空間重み付け行列は，空間オブジェクト間の隣接関係や距離などのインピーダンス指標をもとに，「近さ」を表現するための指標である．空間的自己相関を示す指標には，Moran's I, Geary's C, Join count 統計量, Local Moran's I, G 統計量などがある．

5.1　空間隣接行列

　空間オブジェクトの属性データが空間的な系列相関をもつかどうかを検出するために，また空間的な自己相関を考慮した空間計量経済モデルを構築する上で，空間オブジェクト間の隣接関係を定義することは重要である．空間統計学

では,空間隣接行列を用いて隣接関係を示すことができる.

空間的な隣接関係の表現方法は,空間オブジェクトの種類(ラスターデータ,ポイントオブジェクト,ポリゴンオブジェクト)によって異なる.ここではまず,ラスターデータでの隣接関係を表現する方法を解説する.次に,ポイントオブジェクトやポリゴンオブジェクトでの隣接関係を表現する際に用いられる方法を紹介する.具体的には,ドロネー三角網を用いる方法,隣接地点(地区)数を指定する方法,一定半径以内に含まれる地点(地区)について隣接関係を定義する方法について説明する.

5.1.1 ラスターデータの隣接行列

まず,ラスターデータの隣接関係の表現方法を見てみよう.ラスターデータの場合,図5.1のように,例えばチェスのアナロジーで,黒塗りされたグリッドに対して灰色のグリッドが隣接している,といったように隣接関係を決める方法がある.

図5.1のうち,(a)のように角に接するグリッドのみ隣接関係を定義する場合をエッジ型(ビショップ型)隣接関係,(b)のように上下左右に接するグリ

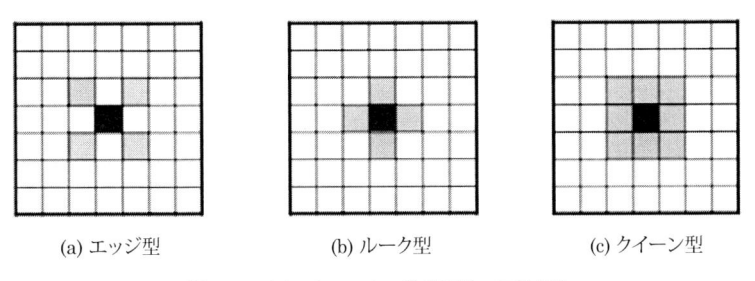

(a) エッジ型   (b) ルーク型   (c) クイーン型

図5.1 グリッドデータの隣接関係の定義方法

x_1	x_2	x_3
x_4	x_5	x_6
x_7	x_8	x_9

図5.2 3×3の格子状区画

ッドのみを定義する方法をルーク型隣接関係，(c)のように上下左右と角が接するグリッドについて隣接関係を定義する場合をクイーン型隣接関係と呼ぶことがある．

次に，単純なラスターデータとして，図5.2のような3×3の格子状の9区画を例に挙げて，ルーク型の隣接関係を空間隣接行列として表現してみよう．このとき，当該メッシュに対して上下左右の辺が接しているメッシュについては「接している（＝1）」，そうでない場合は「接していない（＝0）」と定義することにすると，空間隣接行列 $\boldsymbol{C}$ は次のように表すことができる．

$$\boldsymbol{C}=\begin{pmatrix} 0 & 1 & 0 & 1 & 0 & 0 & 0 & 0 & 0 \\ 1 & 0 & 1 & 0 & 1 & 0 & 0 & 0 & 0 \\ 0 & 1 & 0 & 0 & 0 & 1 & 0 & 0 & 0 \\ 1 & 0 & 0 & 0 & 1 & 0 & 1 & 0 & 0 \\ 0 & 1 & 0 & 1 & 0 & 1 & 0 & 1 & 0 \\ 0 & 0 & 1 & 0 & 1 & 0 & 0 & 0 & 1 \\ 0 & 0 & 0 & 1 & 0 & 0 & 0 & 1 & 0 \\ 0 & 0 & 0 & 0 & 1 & 0 & 1 & 0 & 1 \\ 0 & 0 & 0 & 0 & 0 & 1 & 0 & 1 & 0 \end{pmatrix}$$

5.1.2 ドロネー三角網

ポイントオブジェクトの場合，「最も近い地点」どうしを結んで隣接関係を定義することができる．ポリゴンオブジェクトの場合でも，ポリゴンの代表地点を定義することにより，ポイントオブジェクトと同じように隣接関係を定義できる．

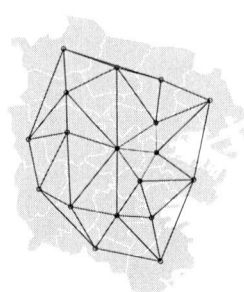

図5.3 ドロネー三角網図

5.1 空間隣接行列　　　　　　　　　　　　　　　　　　　　　59

　地点どうしをつなぎ隣接関係を示す方法の一つに，ドロネー三角網という方法がある．当該点から近い点どうしを結び，三角形を形成する方法である．横浜市の区境界データの代表点座標を用いてドロネー三角網図を作成したものが図 5.3 である．ドロネー三角網を使った場合は，区境界が隣接しているかどうかにかかわらず，隣接関係が定義される．また，地点数が密に分布する地域では，より密にネットワークが形成されることがわかる．

R 分析例

```
# spdep パッケージを使用
library(spdep)
# 地図データの読み込み
yoko <- readShapePoly("yoko.shp", IDvar="JCODE")
# 座標テーブルの作成
yoko_coords <- coordinates(yoko)
# ドロネー三角網図の作成
yoko.tri.nb <- tri2nb(yoko_coords)
# ポリゴンデータの図示
plot(yoko, border="white", col="grey")
# ドロネー三角網図の図示
plot(yoko.tri.nb, yoko_coords, add=TRUE)
```

5.1.3　最近隣 k 地点を隣接関係と定義する方法

　地点間の距離をもとに，任意の空間オブジェクトから最も近い k 地点のみを抽出し，それらを隣接地点と定義する方法である．横浜市の区の代表点座標を用いて，代表点から最近隣 4 地点（$k=4$）について隣接関係を定義したも

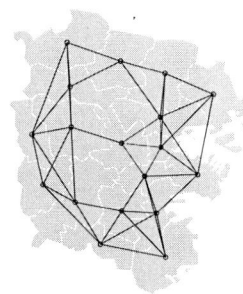

図 5.4　$k=4$ のときの隣接関係 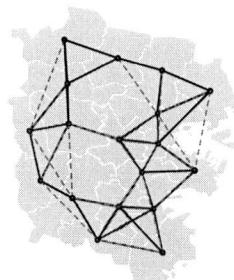　　　図 5.5　$k=3$ と $k=4$ の隣接関係の違い

のを図 5.4 に示す．また，$k=3$ の場合との違いを図 5.5 に示す．
R による分析例

```
# 再近隣 k=4 地点で隣接関係を定義
yoko.knn4 <- knearneigh(yoko_coords, k=4)
yoko.knn4.nb <- knn2nb(yoko.knn4, row.names=rownames(yoko$JCODE))
# 結果を図示
plot(yoko, border="white", col="grey")
plot(yoko.knn4.nb, yoko_coords, add=TRUE)
# 再近隣 k=3 地点で隣接関係を定義
yoko.knn3 <- knearneigh(yoko_coords, k=3)
yoko.knn3.nb <- knn2nb(yoko.knn3, row.names=rownames(yoko$JCODE))
# k=3 と K=4 の違い
diffs <- diffnb(yoko.knn3.nb, yoko.knn4.nb)
# k=3 と K=4 の違いを破線で図示
plot(yoko, border="white", col="grey")
plot(yoko.knn3.nb, yoko_coords, add=TRUE)
plot(diffs, yoko_coords, col="red", lty=2, lwd=2, add=TRUE)
```

5.1.4　距離により隣接関係を定義する方法

ある一定の直線距離 r を半径とする，円の内部に含まれる地点についてのみ隣接関係を定義する方法である．半径 r 以内に隣接地点が一つも含まれない地点は，隣接関係が定義されないことになる．またその応用として，上限値 r_1 を半径とする円のうち，下限値 r_2 を半径とする円を，ドーナツ状にくりぬいた領域に含まれる地点についてのみ隣接関係を定義する方法もある．横浜市の区の代表点座標をもとに，中心点から半径 $r=0.06$ として隣接関係を定義したものを図 5.6 に示す．この図からはやや判読しにくいが，自治体が密に分布する地域では隣接関係が密に定義されている一方で，自治体の面積規模が大きい郊外部では隣接関係が定義されない自治体もあることがわかる．

R 分析例

```
# 距離 r=0.06 の範囲内で隣接関係を定義
yoko.r.nb <- dnearneigh(yoko_coords, 0, 0.06)
# 結果を図示
plot(yoko, border="white", col="grey")
plot(yoko.r.nb, yoko_coords, add=TRUE)
```

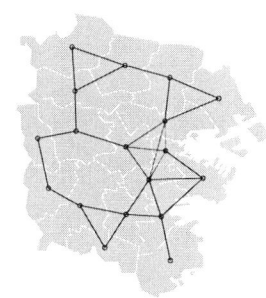

図 5.6 距離による隣接関係の定義（半径 $r=0.06$）　　図 5.7 ポリゴンオブジェクトの境界による隣接関係の定義

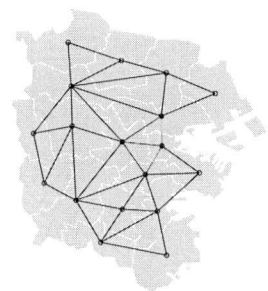

5.1.5 ポリゴンオブジェクトの隣接関係

ポリゴンオブジェクトの境界どうしが隣接しているかどうかで隣接関係を定義する方法である．横浜市の区の代表点座標をもとに隣接関係を定義したものを，図 5.7 に示す．

R 分析例

```
# ポリゴンオブジェクトの隣接行列を定義
yoko.poly.nb <- poly2nb(yoko)
# 結果を図示
plot(yoko, border="white", col="grey")
plot(yoko.poly.nb, yoko_coords, add=TRUE)
```

5.2 空間重み付け行列

隣接関係が定義されれば，行列式を用いて隣接関係を重み付けして地点（地区）間の近接性を表現できる．これを空間重み付け行列という．

空間重み付け行列には，①隣接行列をそのまま用いる方法（W_B），②隣接行列の行和で標準化する方法（W_W），③隣接行列の全要素の和で標準化する方法（W_C），④距離行列を用いて標準化する方法（W_S）などがある．

図 5.2 のようなグリッド上の 9 区画を対象に，空間重み付け行列をつくることを考えよう．要素 c_{ij} ($i, j=1, 2, ..., 9$) からなる空間隣接行列 C が与えられたとき，隣接行列の行和で標準化する W_W の要素 w_{ij} は次式のように表される．

$$w_{ij} = \frac{c_{ij}}{\sum_{i=1}^{9} c_{ij}}$$

このとき，空間重み付け行列 $\boldsymbol{W}_W$ は，以下のようになる．

$$\boldsymbol{W}_W = \begin{pmatrix} 0 & 1/2 & 0 & 1/2 & 0 & 0 & 0 & 0 & 0 \\ 1/3 & 0 & 1/3 & 0 & 1/3 & 0 & 0 & 0 & 0 \\ 0 & 1/2 & 0 & 0 & 0 & 1/2 & 0 & 0 & 0 \\ 1/3 & 0 & 0 & 0 & 1/3 & 0 & 1/3 & 0 & 0 \\ 0 & 1/4 & 0 & 1/4 & 0 & 1/4 & 0 & 1/4 & 0 \\ 0 & 0 & 1/3 & 0 & 1/3 & 0 & 0 & 0 & 1/3 \\ 0 & 0 & 0 & 1/2 & 0 & 0 & 0 & 1/2 & 0 \\ 0 & 0 & 0 & 0 & 1/3 & 0 & 1/3 & 0 & 1/3 \\ 0 & 0 & 0 & 0 & 0 & 1/2 & 0 & 1/2 & 0 \end{pmatrix}$$

5.3　空間的自己相関分析

空間的自己相関を示す指標のうち，Moran's I，Geary's C，Join count 統計量は，対象地域全域でのグローバルな自己相関を示す指標として知られる．このうち Geary's C は，Moran's I よりも局所的な自己相関を示す．Local Moran's I や G 統計量は，局地的な空間的自己相関を示す指標として，ホットスポットを検出する際などに用いられる．

5.3.1　Moran's I

N 地区（地点）からなる対象地域において，地区 i の属性を x_i とする．対象地域全体における属性の平均値を $\bar{x}$，地点 i, j 間の空間重み付け行列の要素を w_{ij} とすると，Moran's I は次式のように表される．

$$\text{Moran's I} = \frac{N}{\sum_{i=1}^{N}\sum_{j=1}^{N} w_{ij}} \cdot \frac{\sum_{i=1}^{N}\sum_{j=1}^{N} w_{ij}(x_i - \bar{x})(x_j - \bar{x})}{\sum_{i=1}^{N}(x_i - \bar{x})^2}$$

この式に示されているように，Moran's I は相関係数に空間重み付け行列の要素を考慮した指標であるといえる．Moran's I は，$-1 \sim 1$ の間の数値をとる．1 に近い値のときは，互いに近い空間オブジェクトの属性 x_i が類似して

おり，空間的自己相関が強く，正の空間的自己相関であることを意味する．また，−1 に近い値のときは，近隣の空間オブジェクトの属性値が異なるか，類似する属性値をもつ空間オブジェクトが分散しており，負の空間的自己相関であることを示す．

Moran's I の Z 値 Z_I，期待値 $E[I]$，分散 $V[I]$ は，それぞれ次式から得られる．

$$Z_I = \frac{I - E[I]}{\sqrt{V[I]}}$$

$$E[I] = \frac{-1}{N-1}$$

$$V[I] = E[I^2] - E[I]^2$$

R 分析例

ここでは，関東圏（一都五県）の地価データを用いて，Moran's I を計算してみよう．データを読み込んだあと，ドロネー三角網図をもとに空間隣接行列と空間重み付け行列を作成し，Moran's I を計算する．ただし，隣接行列の行和で標準化する方法（W_W）を用いて，空間重み付け行列を適用した．

```
# 地価データの読み込み
lph <- read.table("lph.csv", sep=",", header=TRUE)
summary(lph)
# ドロネー三角網図
coords <- matrix(0, nrow=nrow(lph), ncol=2)
coords[, 1]  <- lph$Easting # 東経
coords[, 2]  <- lph$Northing # 北緯
lph.tri.nb <- tri2nb(coords)
# Moran's I
# lph$LPH が地価データを意味する
moran.test(lph$LPH, nb2listw(lph.tri.nb,style="W"))
```

この結果は，以下のようになる．地価データの Moran's I=0.76 となり，空間的自己相関があると考えてよい．

```
> moran.test(lph$LPH, nb2listw (lph.tri.nb,style="W"))

    Moran's I test under randomisation

data:  lph$LPH
weights: nb2listw(lph.tri.nb, style = "W")

Moran I statistic standard deviate = 26.9345, p-value < 2.2e-16
alternative hypothesis: greater
sample estimates:
Moran I statistic         Expectation            Variance
     0.7644301685        -0.0027700831       0.0008113342
```

5.3.2 Geary's C

Geary's C は次式のように表され，0~2 の間の値をとる．Moran's I とは異なり，0 に近い値をとる場合は正の空間的自己相関を示し，2 に近い値をとる場合は負の空間的自己相関を示す．また値が 1 に近いときは，空間的自己相関がなく，空間オブジェクトの属性値がランダムに分布していることを意味する．

$$\text{Geary's C} = \frac{(N-1)}{2\sum_{i=1}^{N}\sum_{j=1}^{N} w_{ij}} \cdot \frac{\sum_{i=1}^{N}\sum_{j=1}^{N} w_{ij}(x_i-\bar{x})^2}{\sum_{i=1}^{N}(x_i-\bar{x})^2}$$

R 分析例

```
geary.test(lph$LPH, nb2listw(lph.tri.nb,style="W"))
```

Geary's C を計算したところ，地価データの Geary's C=0.25 となり，正の空間的自己相関を示していることがわかった．

```
> geary.test(lph$LPH, nb2listw (lph.tri.nb,style="W"))

    Geary's C test under randomisation

data:  lph$LPH
weights: nb2listw(lph.tri.nb, style = "W")

Geary C statistic standard deviate = 14.7215, p-value < 2.2e-16
alternative hypothesis: Expectation greater than statistic
sample estimates:
Geary C statistic         Expectation            Variance
     0.251512237         1.000000000         0.002585034
```

5.3.3 Join count 統計量

空間オブジェクトの属性値 x_i がカテゴリカルデータの場合，Join count 統

計量を用いてその空間的凝集性を表すことができる．属性値が0または1の二値のとき，あるいは二値に分類できるとき，属性値を「黒（B）」または「白（W）」であるとする．このとき，隣接行列の要素 c_{ij} を用いて，属性値の組み合わせ数（count）は次のように表せる．ここでは，属性値が「黒（B）」のとき $x_i=1$ である．

$$BB = \frac{1}{2}\sum_{i=1}^{N}\sum_{j=1}^{N} c_{ij} x_i x_j$$

$$WW = \frac{1}{2}\sum_{i=1}^{N}\sum_{j=1}^{N} c_{ij}(1-x_i)(1-x_j)$$

$$BW = \frac{1}{2}\sum_{i=1}^{N}\sum_{j=1}^{N} c_{ij}(x_i-x_j)^2$$

BB，WW，BW の期待値は，それぞれ次式のようになる．

$$E(BB) = \frac{1}{2}\sum_{i=1}^{N}\sum_{j=1}^{N} c_{ij} \cdot \sum_{i=1}^{N} \frac{x_i}{N}$$

$$E(WW) = \frac{1}{2}\sum_{i=1}^{N}\sum_{j=1}^{N} c_{ij} - E(BB) - E(BW)$$

$$E(BW) = \frac{1}{2}\sum_{i=1}^{N}\sum_{j=1}^{N} c_{ij} \cdot \sum_{i=1}^{N} \frac{x_i}{N} \cdot \sum_{i=1}^{N} \frac{1-x_i}{N}$$

このうち，BW の Join Count 統計量が期待値より低い値となり，かつ統計的に有意であるとき，与えられた空間データが正の空間的自己相関であることを示す．

R 分析例

ここでは，対象地域全体の地価平均より地価が低い地区を"low"，高い地区を"high"として統計量を計算している．また，空間重み付け行列は隣接行列（W_B）をそのまま用いている．

```
lph.hi.low <- cut(lph$LPH, breaks=c(0,mean(lph$LPH),
max(lph$LPH)), labels=c("low", "high"))
names(lph.hi.low) <- lph$JCODE
joincount.multi(lph.hi.low, nb2listw(lph.tri.nb, style="B"))
```

下の結果から，地価データの Join Count 統計量のうち，high：low の組み合わせとなる値は 94.0 となり，期待値と比較して低く，その Z 値は統計的に有意であることから，正の空間的自己相関を示していることがわかる．

```
> joincount.multi(lph.hi.low, nb2listw(lph.tri.nb, style="B"))
          Joincount Expected Variance z-value
low:low    663.000  470.531   97.617  19.480
high:high  315.000  121.094   64.287  24.184
high:low    94.000  480.375  222.124 -25.924
Jtot        94.000  480.375  222.124 -25.924
```

5.3.4　Local Moran's I

地区iのLocal Moran's Iは次式から得られる．この指標は，Moran's Iの地区iに関する指標であり，ローカルな空間的自己相関を意味する．Moran's Iと同様に，-1〜1の間の値をとる．

$$I_i = \frac{(x_i - \bar{x})}{\sum_{i=1}^{N}(x_i - \bar{x})^2/N} \cdot \sum_{j=1}^{N} w_{ij}(x_j - \bar{x})$$

Local Moran's Iの値と標準化された属性値を用いて散布図を作成したとき，第一象限に分布する地区は，属性値がほかの地区と比較して相対的に大きく，かつ類似する値をもつ地区が周囲にある，すなわち空間的に正の自己相関を示すことを意味する（図5.8）．

文献[1]に示されている，全国の都道府県単位での糖尿病による死亡者数（人口10万人あたり）のデータを用いて計算したLocal Moran's Iの分布を，図5.9に示す．

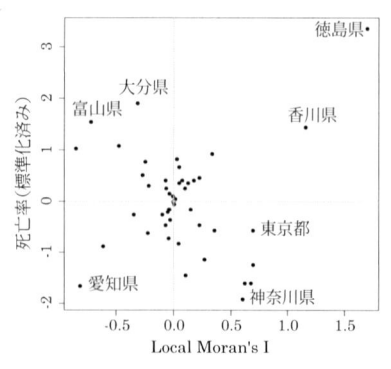

図5.8　Local Moran's Iの散布図

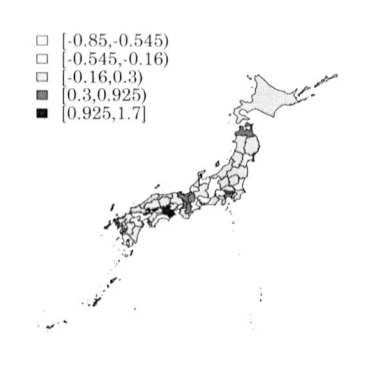

図5.9　Local Moran's Iの分布

R 分析例

```
# データの読み込み
pref_gov <- read.table("pref_gov.txt", sep=",",
header=TRUE,row.names=2)
pref.pnt <- readShapePoints("pref_gov.shp")
# 座標行列の定義
coords <- matrix(0,nrow(pref_gov), 2)
coords[, 1] <- pref_gov$X
coords[, 2] <- pref_gov$Y
# ドロネー三角網図の作成
pref.tri.nb <- tri2nb(coords,
row.names=rownames(pref_gov))
# Local Moran's I の計算
LMI1 <- localmoran(pref.pnt$diabetes,
nb2listw(pref.tri.nb, style="W"))
pref.lm <- data.frame(cbind(LMI1[, 1],
(pref.pnt$diabetes- mean(pref.pnt$diabetes))
/sd(pref.pnt$diabetes)),
row.names=pref.pnt$KENCODE)
colnames(pref.lm) <- c("Ii", "standardized diabetes")
pref.lm
# 結果の図示
plot(pref.lm,xlab="Local Moran's I",
ylab="Standardized diabetes")
text(pref.lm,rownames(pref.lm), adj=1.2, cex=0.8)
```

5.3.5 G 統計量

G 統計量は，局地的な空間的自己相関を示す指標として用いられる．ホットスポットの検出などに適用されることもある．対象地域全体の G 統計量 G^* は次式のように表される．

$$G^* = \frac{\sum_{i=1}^{N}\sum_{j=1}^{N} w_{ij}x_i x_j}{\sum_{i=1}^{N}\sum_{j=1}^{N} x_i x_j}$$

また地区 i について自地区を含まない G 統計量 G_i は，以下のようになる．

$$G_i = \frac{\sum_{i=1}^{N}\sum_{j=1, j\neq i}^{N} w_{ij}x_i x_j}{\sum_{i=1}^{N}\sum_{j=1, j\neq i}^{N} x_i x_j}$$

G統計量のZ値Z_G, 期待値$E[G]$, 分散$V[G]$は, それぞれ次式から得られる.

$$Z_G = \frac{G - E[G]}{\sqrt{V[G]}}$$

$$E[G] = \frac{-1}{N-1}$$

$$V[G] = E[G^2] - E[G]^2$$

Z_Gが大きい正の値であるとき, 空間的に正の自己相関を示すことを意味する. 全国の都道府県単位での糖尿病による死亡者数(人口10万人あたり)の

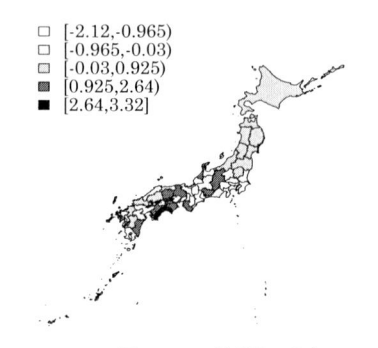

図5.10 G統計量の分布

データを用いて計算したG統計量の結果を図5.10に示す.
R 分析例

```
localGs.diabates <- localG(pref.pnt$diabetes,
nb2listw(include.self(pref.tri.nb), style="W"))
```

参 考 文 献

1) 総務省統計局 (2008), 『統計でみる都道府県のすがた 2008』, 日本統計協会.

6 確率地図

　第4章や第5章で扱った，都道府県別の死因別死亡者数のようなデータは，イベントの発生自体はまれであるが，観測回数が多く繰り返されるデータである．そのため，イベントデータの集計期間や空間集計単位によっては，本来観測されるべきイベントが観測されず，発生数が0となる場合がある．死因別死亡者数のような観測値の大小や空間的自己相関の有無を地域間で比較する際には，単純に比較するのではなく，人口数で割った比率を比較する方が望ましい．しかし，死因別死亡者数が人口数と比較して非常に小さい値をとる場合，死因別死亡者数を人口数で割った死因別死亡率のデータを地区間で比較することは容易ではない．

　本章では，比率値を用いて地区属性を比較する際に用いられる，確率地図や相対リスクのベイズ推定法を紹介する．これらの方法は，空間疫学やリスク分析などに用いられる[1]．また地区属性の類似性や近接性など，空間クラスタを見つける際にも有用である．

6.1　粗率

　死亡や犯罪発生など，まれに発生するような空間現象を確率値として比較したい場合には，粗率，相対危険度，ポアソン確率地図などが用いられる[2]．

　いま，地区 $i\,(=1,2,...,N)$ について，人口数を y_i，観測ケース（例えば，心疾患による死亡者数の観測値）の標本値を O_i とする．このとき，人口数に対して観測ケースが発生する粗率 r_i は次式のように求められる．

$$r_i = \frac{O_i}{y_i}$$

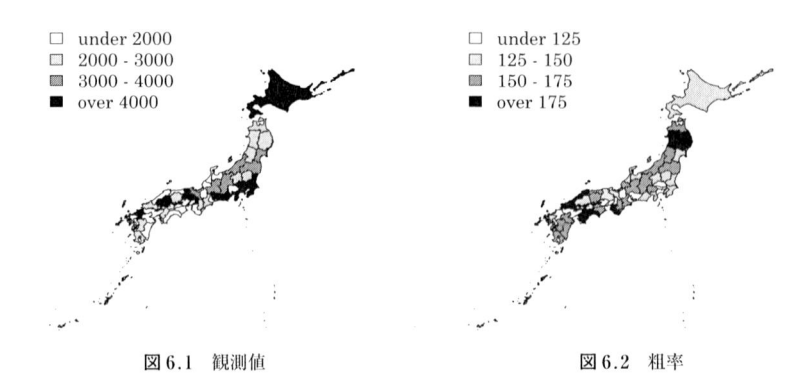

☐ under 2000
☐ 2000 - 3000
▨ 3000 - 4000
■ over 4000

☐ under 125
☐ 125 - 150
▨ 150 - 175
■ over 175

図 6.1　観測値　　　　　　　　　図 6.2　粗率

　文献[3]に記載の人口数や高血圧を除く心疾患による死亡者数に関するデータを用いて，都道府県別心疾患死亡者数の観測値と粗率を，それぞれ図 6.1 と図 6.2 に示す．

6.2　相対危険度

　粗率 r_i は，対象地域全体の人口数や観測ケースの値を反映していないため，人口数に対する観測値の大小を判断することは容易でない．そこで，対象地域全体で観測ケースの発生率が均一であると仮定して，観測ケースの標本値 O_i を期待値 E_i で除した相対危険度 θ_i を用いることがある．

$$E_i = y_i \cdot \frac{\sum_{i=1}^{N} O_i}{\sum_{i=1}^{N} y_i}$$

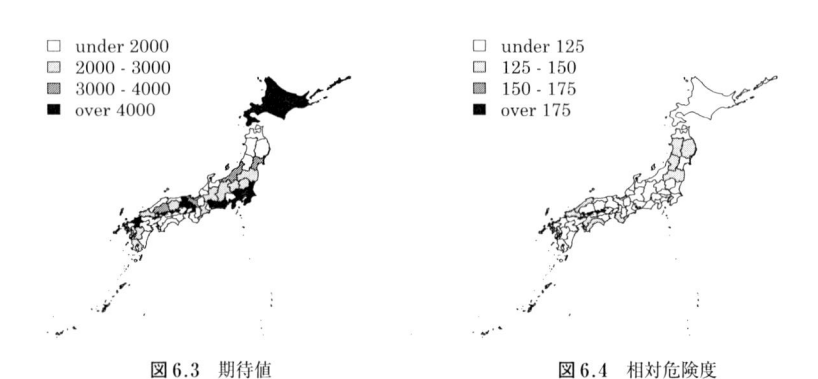

☐ under 2000
☐ 2000 - 3000
▨ 3000 - 4000
■ over 4000

☐ under 125
☐ 125 - 150
▨ 150 - 175
■ over 175

図 6.3　期待値　　　　　　　　　図 6.4　相対危険度

$$\theta_i = \frac{O_i}{E_i}$$

都道府県別心疾患死亡者数の期待値と相対危険度を，図6.3と図6.4に示す．

6.3　ポアソン確率地図

　観測ケースの発生頻度が低いものの，非常に多く観測回数が繰り返される場合には，ポアソン確率地図を用いることで，人口規模による観測値の過大/過小評価の影響を考慮することができる．

　期待値 E_i が与えられたとき，観測値 O_i がポアソン分布に従うとする．このとき，次式のように表すことができる．

$$O_i \sim Po(E_i)$$

　期待値 E_i を平均 μ_i とみなしたとき，次式を用いて観測ケースの発生危険度を表現することができる．

$$p_i = \sum_{x \geq O_i} \frac{\mu_i^x \cdot \exp(-\mu_i)}{x!}$$

または，

$$p_i = \sum_{x < O_i} \frac{\mu_i^x \cdot \exp(-\mu_i)}{x!}$$

　ここで，ポアソン分布

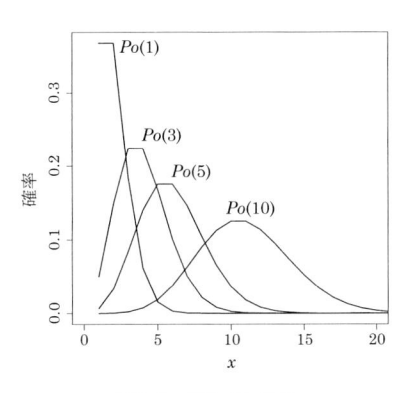

図 6.5　ポアソン分布

図 6.6 ポアソン確率地図

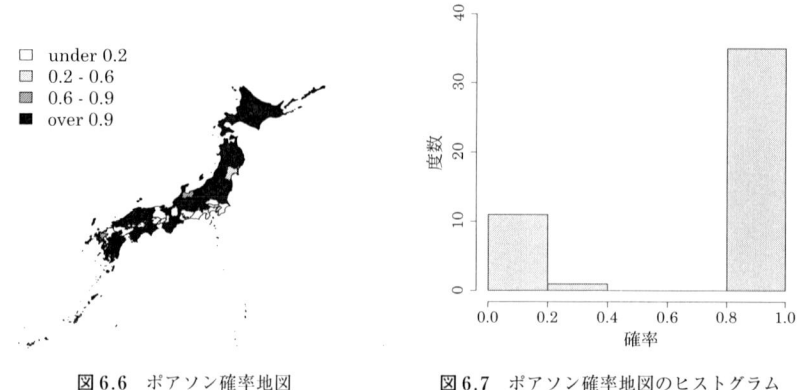

図 6.7 ポアソン確率地図のヒストグラム

$$p(x) = \frac{\mu^x \cdot \exp(-\mu)}{x!}$$

は，平均 μ に応じて図 6.5 のような分布となる．

都道府県別心疾患死亡者数のポアソン確率地図を図 6.6 に示す．このとき，ポアソン確率地図の結果は，確率値が 0 または 1 の近くに偏っていることを示している（図 6.7）．これは，死亡者数の期待値 E_i が非常に小さいため，過大分散（overdispersion）が生じていることによる．過大分散とは，本来想定される分散よりも，分散が過度にばらついていることを意味する．ポアソン分布は分散が期待値 E_i によって定義されるため，分散が予想された値以上にばらつく場合がある．また，外れ値などが存在する場合にも，過大分散が生じることがある．このことはポアソン確率地図を用いる場合に注意すべき点である．

過大分散に対処するために，対象地域全体の人口数の地域差などを考慮した方法などが提案されている．

R 分析例

spdep パッケージの pmap() 関数を用いると，粗率や期待値，相対危険度，ポアソン確率を求めることができる．以下では，都道府県境界ポリゴンデータ（jpn_pref.shp）と都道府県別心疾患死亡者数のデータ（hd06.csv）を用いて，これらの指標を計算してみよう．

```
# spdepパッケージを使用
library(spdep)
```

```
# 都道府県境界ポリゴンデータの読み込み
jpn_pref <- readShapePoly("jpn_pref.shp", IDvar ="PREF_CODE")
# 都道府県別心疾患死亡者数データの読み込み
hd06 <- read.table("hd06.csv", sep =",", header = TRUE)
# 都道府県境界ポリゴンデータへの属性データ hd06 のマッチング
ID.match <- match(jpn_pref$PREF_CODE, hd06$PREF_CODE)
jpn_hd06 <- hd06[ID.match,]
jpn_pref_hd06 <- spCbind(jpn_pref, jpn_hd06)
# 粗率，期待値，相対危険度，ポアソン確率の計算
jpn_hd06_pm <- probmap(jpn_pref_hd06$HD06,
jpn_pref_hd06$POPJ06/100)
summary(jpn_hd06_pm)
```

6.4　相対危険度のベイズ推定

6.4.1　Marshall の経験ベイズ推定量

観測数が少ない場合などに，人口数の地域差を調整する方法の一つに，相対危険度の推定量 $\hat{\theta}_i$ をベイズ推定する方法がある[4,5]．

相対危険度をベイズ推定する際には，まず相対危険度の分布を何らかの確率分布として仮定する．そしてその事前分布を規定する超パラメータを最尤推定法などにより推定する方法と，マルコフ連鎖モンテカルロ法（MCMC）により事後分布を推定する方法とがある．超パラメータの分布を任意（経験的）に与えベイズ推定する方法を経験ベイズ推定法といい，超パラメータ自体の分布を仮定して階層的に事後分布を推定する方法を階層ベイズ推定法という．

分析対象としている観測ケースの標本値 O_i がポアソン分布に従って発生すると仮定できるようなケースであり，その期待値を E_i とする．相対危険度 θ_i の最尤推定値を x_i とすると，θ_i が与えられた条件下での，x_i の平均 $E(x_i|\theta_i)$ と分散 $V(x_i|\theta_i)$ はそれぞれ以下のように表される．

$$E(x_i|\theta_i) = \theta_i$$

$$V(x_i|\theta_i) = \frac{\theta_i}{E_i}$$

疫学分野では，x_i を標準化死亡比（SMR）と呼ぶ．

θ_i の平均と不偏分散について事前情報を与えたとき，グローバルな経験ベイ

ズ推定量の事後情報 $\hat{\theta}_i$ は以下のように求めることができる.
$$\hat{\theta}_i = \hat{\mu} + \hat{C}_i(x_i - \hat{\mu})$$
ただし,
$$\hat{\mu} = \frac{\sum_{i=1}^{N} O_i}{\sum_{i=1}^{N} E_i}$$

$$\hat{C}_i = \frac{s^2 - \hat{\mu}/\overline{E}}{s^2 - \hat{\mu}/\overline{E} + \hat{\mu}/E_i}$$

であり, s^2 は x_i についての重み付け不偏分散を意味する.
$$s^2 = \frac{\sum_{i=1}^{N} E_i(x_i - \hat{\mu})}{\sum_{i=1}^{N} E_i}$$
また, $\overline{E}$ は期待値 E_i の平均値である.
$$\overline{E} = \frac{\sum_{i=1}^{N} E_i}{N}$$

隣接行列を用いて近隣地区との隣接性を考慮した経験ベイズ推定量を, ローカルな経験ベイズ推定量という. 地区 i, j 間の隣接行列の要素 c_{ij} が与えられたとき, $\hat{\mu}$, $\hat{C}_i$, s^2, $\overline{E}$ を, それぞれ隣接要素を考慮して地区 i ごとに求める. 例えば,
$$\hat{\mu}_i = \frac{\sum_{j=1}^{n} c_{ij} O_j}{\sum_{j=1}^{n} c_{ij} E_j}$$
などとなる.

都道府県別心疾患死亡者数について, グローバルな経験ベイズ推定量とロー

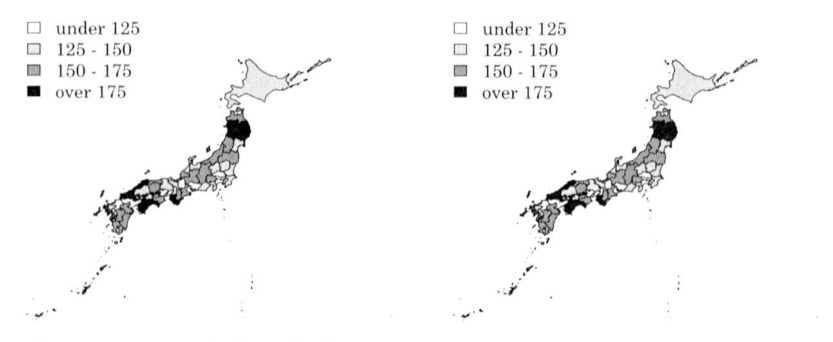

図 6.8 グローバルな経験ベイズ推定量　　図 6.9 ローカルな経験ベイズ推定量

カルな経験ベイズ推定量を計算した結果は，図 6.8 および図 6.9 のようになる．

6.4.2 ポアソン-ガンマモデル

文献[6]より，市区町村単位で集計された市区町村別の交通事故死亡者データを用いて，観測値と相対危険度の分布をヒストグラムで示すと図 6.10 のようになる．

この場合，期待値 E_i と相対危険度 θ_i が与えられた条件付きでの観測値 O_i がポアソン分布に従い，相対危険度がガンマ分布に従うとも考えられる．このようなデータの相対危険度を推定する方法として，ポアソン-ガンマモデルが提案されている[7]．

$$O_i \sim Po(\theta_i E_i)$$
$$\theta_i \sim \Gamma(\nu, \alpha)$$

このモデルでは，相対危険度 θ_i が観測値 O_i とは独立にガンマ分布に従って生成される．ガンマ分布は平均 ν/α，分散 ν/α^2 となるような分布であり，次式の確率密度関数 $f(x)$ で表される．

$$f(x) = \frac{1}{\Gamma(\nu)} \alpha^\nu x^{\nu-1} \cdot \exp(-\alpha x)$$

ただし，ν は形状パラメータ，α はスケールパラメータを意味する．ガンマ分布の確率密度関数の例を，図 6.11 に示す．

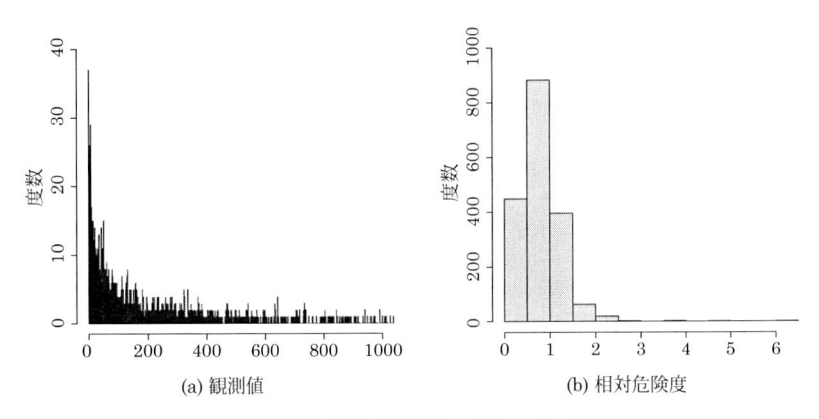

(a) 観測値

(b) 相対危険度

図 6.10 市区町村別交通事故死者数の分布

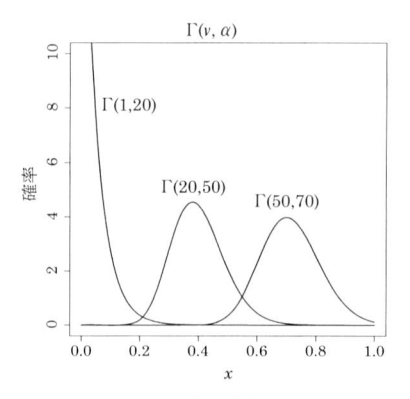

図6.11 ガンマ分布の確率密度関数の例

このとき，観測値 O_i，期待値 E_i およびガンマ関数のパラメータ ν と α を用いて，平滑化相対危険度 $(O_i+\nu)/(E_i+\alpha)$ を経験ベイズ推定することができる．その方法としては，パラメータ ν と α の事前情報を適当に与え，次の2式を繰り返し計算することにより，各パラメータの事後情報 $\hat{\nu}$ と $\hat{\alpha}$ を計算し，相対危険度の事後分布を求める．

$$\frac{\hat{\nu}}{\hat{\alpha}} = \frac{1}{N}\sum_{i=1}^{N}\hat{\theta}_i$$

$$\frac{\hat{\nu}}{\hat{\alpha}^2} = \frac{1}{N+1}\sum_{i=1}^{N}\left(1+\frac{\hat{\alpha}}{E_i}\right)\left(\hat{\theta}_i-\frac{\hat{\nu}}{\hat{\alpha}}\right)$$

相対危険度 θ_i の最尤推定値 x_i の事前分布がガンマ分布に従うとすると，その経験ベイズ推定量は，次式の収束推定量として求めることもできる．

$$\hat{\theta}_i = \frac{E_i}{E_i+\alpha}x_i + \frac{\alpha}{E_i+\alpha}\cdot\frac{\nu}{\alpha}$$

R 分析例

交通事故データ（`data84.csv`）を用いて，相対危険度およびポアソン-ガンマモデルによる相対危険度の経験ベイズ推定量を計算してみよう．`spdep` パッケージの `EBest()` 関数を用いて Marshall の経験ベイズ推定量を，`DCluster` パッケージの `empbaysmooth()` 関数を用いてポアソン-ガンマモデルによる経験ベイズ推定量をそれぞれ求める．

6.4 相対危険度のベイズ推定

```
# spdep パッケージを使用
library(spdep)
# DCluster パッケージを使用
library(DCluster)
# データ読み込み
data84 <- read.table("data84.csv", sep =",", header = TRUE)
# 交通事故発生件数（data84$TrAcc）と人口数（data84$Pop）
# から粗率を求める
r <- sum(data84$TrAcc)/sum(data84$Pop)
# 期待値
data84$TAExpected <- data84$Pop * r
# 相対リスク
data84$TARR <- data84$TrAcc / data84$TAExpected
# Marshall の経験ベイズ推定量
data84$EB <- EBest(data84$TrAcc, data84$TAExpected)
# ポアソン-ガンマモデルによる経験ベイズ推定量
eb <- empbaysmooth(data84$TrAcc,data84$TAExpected)
data84$EBPG <- eb$smthrr
# ヒストグラムの図示
hist(data84$TARR, col ="grey", ylim = c(0,1000), main ="",
ylab ="度数", xlab ="", cex.axis = 1.3, cex.lab = 1.2)
```

この結果から，ポアソン-ガンマモデルによる経験ベイズ推定量のヒストグラムは図 6.12 のようになる．

また，パラメータ ν と α に，ガンマ分布や指数分布などを仮定することにより，マルコフ連鎖モンテカルロ法を用いて，$\hat{\theta}_i$ の事後分布を階層ベイズ推

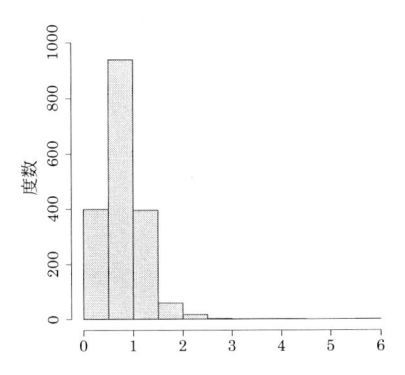

図 6.12 ポアソン-ガンマモデルによる経験ベイズ推定量のヒストグラム

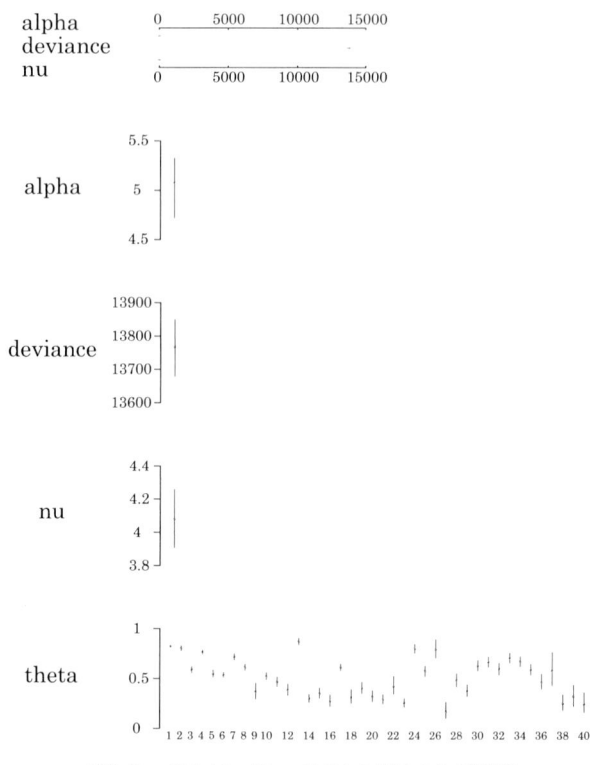

図6.13 ポアソン-ガンマモデルの階層ベイズ推定例

定できる．

　前述の交通事故死亡者データを用いて，ポアソン-ガンマモデルによる平滑化相対危険度を階層ベイズ推定した結果を図6.13に示す．

　ここでは，階層ベイズ推定するためのνとαの階層事前情報は，それぞれ，
$$\nu \sim \Gamma(0.01, 0.01)$$
$$\alpha \sim \Gamma(0.01, 0.01)$$
とし，MCMC法のシミュレーション期間を1,000回，稼働検査期間を100回，チェーン数を1としている[*1]．

---

　*1) ポアソン-ガンマモデルの階層ベイズ推定には，文献[8] p.323のBUGSコードを参考にJAGSコードを作成し，`R2jags`パッケージによりJAGSコードを呼び出して推定した．

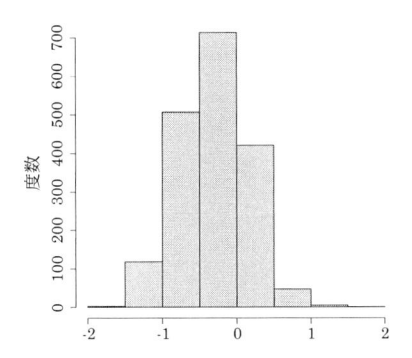

図 6.14 対数正規モデルによる経験ベイズ推定

6.4.3 対数正規モデル

相対危険度 $\hat{\theta}_i$ に多変量対数正規分布を考慮し，相対危険度の対数 $\log((O_i+1/2)/E_i)$ を EM アルゴリズムや MCMC 法によりベイズ推定する方法も提案されている．経験ベイズ法による対数正規相対危険度の事後分布 b_i は次式のように表される．

$$b_i = \frac{\hat{\phi} + (O_i+1/2)\hat{\sigma}^2 \log((O_i+1/2)/E_i) - \hat{\sigma}^2/2}{1 + (O_i+1/2)\hat{\sigma}^2}$$

$$\hat{\phi} = \frac{1}{N}\sum_{i=1}^{N} b_i$$

$$\hat{\sigma}^2 = \frac{1}{N}\left\{\hat{\sigma}^2 \sum_{i=1}^{N}(1+\hat{\sigma}^2(O_i+1/2))^{-1} + \sum_{i=1}^{N}(b_i - \hat{\phi})^2\right\}$$

EM アルゴリズムによる対数正規モデルの経験ベイズ推定結果を図 6.14 に示す．

R 分析例

6.4.2 項で用いたデータを使って，対数正規モデルによる経験ベイズ推定を行う．ここでは，すでに DCluster パッケージを呼び出した上で，期待値が計算されているものとする．

```
# 対数正規モデルによる経験ベイズ推定
data84_ln <- lognormalEB(data84$TrAcc, data84$TAExpected)
# ヒストグラムの図示
hist(data84_ln$smthrr, main ="", xlab ="", ylab ="度数",
```

```
col="grey")
```

6.5 経験ベイズ推定値の Moran's I

6.4 節で示した Marshall の経験ベイズ推定量について，Moran's I 値の経験ベイズ推定量 EBI を次式から求めることができる．

$$EBI = \frac{N}{\sum_{i=1}^{N}\sum_{j=1}^{N}w_{ij}} \cdot \frac{\sum_{i=1}^{N}\sum_{j=1}^{N}w_{ij}z_i z_j}{\sum_{i=1}^{N}(z_i - \bar{z})}$$

ここで，w_{ij} は地区 i,j 間の重み付け行列の要素であり，5.2 節で示した W_B, W_W, W_C, W_S などの方法により得られる．また，ほかの変数は以下のように得られる．

$$z_i = \frac{p_i - b}{\sqrt{\nu_i}}$$

$$p_i = \frac{O_i}{y_i}$$

$$\nu_i = a + \frac{b}{y_i}$$

$$a = s^2 - \frac{b}{\sum_{i=1}^{N}y_i/N}$$

$$b = \frac{\sum_{i=1}^{N}O_i}{\sum_{i=1}^{N}y_i}$$

$$s^2 = \frac{\sum_{i=1}^{N}y_i(p_i - b)^2}{\sum_{i=1}^{N}y_i}$$

EBI が正の値となるとき，相対危険度は空間的に自己相関するという．観測値 O_i が正規分布に従わないことから，繰り返し検定などを行い，空間的自己相関の有無についての仮説検定を行う[9]．

参 考 文 献

1) 中谷友樹・谷村　晋・二瓶直子・堀越洋一編著（2004），『保健医療のためのGIS』，古今書院.
2) Bivand, R.,"Introduction to the North Carolina SIDS data set（revised）", http://cran.r-project.org/web/packages/spdep/vignettes/sids.pdf
3) 総務省統計局（2009），『統計でみる都道府県のすがた 2009』，日本統計協会.
4) Marshall, R. J.（1991),"Mapping disease and mortality rates using empirical Bayes estimators", *Applied Statistics*, 40, 283-294.
5) Martuzzi, M. and P. Elliott（1996), "Empirical Bayes estimation of small area prevalence of non-rare conditions", *Statistics in Medicine*, 15, 1867-1873.
6) 総務省統計局（2009），『統計でみる市区町村のすがた 2009』，日本統計協会.
7) Clayton, D. G. and J. Kaldor（1987), " Empirical Bayes estimates of age-standardized relative risks for use in disease mapping", *Biometrics*, 43, 671-681.
8) Bivand, R. S., E. J. Pebesma and V. Gomez-Rubio（2008), *Applied Spatial Data Analysis with R*（*Use R*), Springer-Verlag.
9) Assuncao, R. M. and E. A. Reis（1999), "A new proposal to adjust Moran's I for population density", *Statistics in Medicine*, 18, 2147-2162.

7 空間集積性

第5章では空間的自己相関という指標を用いた空間属性データの地理的類似性を検出する方法を紹介し，第6章ではイベントの発生がまれな空間的事象について，相対危険度という概念を用いて類似性を推定する方法を示した．本章では第6章から引き続き，イベントの発生がまれな空間的事象が特定の地域に集積しているかどうか検定する方法を紹介する．

空間集積性の有無を検定する方法として，①類似した属性をもつ地区が集積しているかどうかを示す方法，②空間データの観測値がランダムに分布しているかどうかを仮説検定する方法，③空間クラスタの位置を検出する「空間スキャン検定」などがある．このうち，①については，Local G や Local Moran's I が相当し，すでに第5章で紹介しているため，本章では②および③の方法について扱う．

イベントの発生がまれな空間的事象がランダムに発生する場合，観測値 O_i の発生確率は，ポアソン分布や二項分布といった確率分布に従うと考えられる．このとき，空間データの観測値がランダムな確率分布に従って生起しているかどうかを基準として判断することができるといえる．

そこで，「空間データの観測値がランダムに分布している（空間的集積性がない）」という帰無仮説 H_0 に対して，「空間データがランダムに分布していない（空間的集積性がある）」という対立仮説 H_1 を立てて，観測値の空間的な集積性に関して仮説検定する方法が提案されている．代表的な仮説検定手法として，**ピアソンの χ^2 検定，Potthof-Whittinghill 検定，Stone 検定，Tango 検定，Wittermore 検定，Besag-Newell 検定**が挙げられる．これらの方法は，主に地区単位で集計された属性値によって空間集積性の有無を検定する場合に用いられる．このうち，Potthof-Whittinghill 検定，Stone 検定，Besag-Newell

検定は，リスク源の周辺に焦点をあてた検定（focused test），Tango 検定は一般的な検定（general test）と呼ばれる．

空間スキャン検定では，空間データの属性値が集積して分布していることを，空間クラスタが存在すると考える．ある範囲の中に含まれる地区の観測値の合計が期待値の合計に等しくなるかどうかを仮説検定し，観測値の合計が期待値の合計に対して大きい値をとるとき，その範囲で空間クラスタがあると考えることができる．空間スキャン検定の方法として，Geographic Analysis Machine (GAM), Kulldorff-Nagarwalla の空間スキャン検定などが挙げられる．これらの方法は，主に地点ごとに観測値属性が与えられたデータによって空間集積性の有無を検定する場合に用いられる．

本章で紹介する手法は，空間疫学と呼ばれる分野などで応用されている．空間疫学における空間統計学の応用は，文献[1,2]に詳しい．

7.1　ピアソンの χ^2 検定

地区 $i(=1,2,...,N)$ の観測値 O_i および期待値 E_i に対して，相対危険度 θ が次式より得られるとする．

$$\theta = \frac{\sum_{i=1}^{N} O_i}{\sum_{i=1}^{N} E_i}$$

観測値の頻度の確率変数がポアソン分布に従うとき，空間属性値がランダムに分布しているかどうかについて，ピアソンの χ^2 検定を用いて仮説検定を適用する．

$$\chi^2 = \sum_{i=1}^{N} \frac{(O_i - E_i)^2}{E_i}$$

観測値と期待値について標準化を行うと，

$$\sum_{i=1}^{N} O_i = \sum_{i=1}^{N} E_i$$

つまり $\theta=1$ となることから，帰無仮説 H_0 と対立仮説 H_1 は次のようになる．

$$H_0 : \theta = 1$$
$$H_1 : \theta \neq 1$$

このとき,自由度 $N-1$ の χ^2 検定を行う.
R 分析例
都道府県別出生数のデータ[3]に対して,ピアソンの χ^2 検定を適用してみよう. Dcluster パッケージを呼び出し,achisq.stat() 関数を用いて χ^2 検定を行う.

```
# DCluster パッケージを使用
library(DCluster)
# データの読み込み
data76 <- read.table("data76.csv", sep=",", header=TRUE, row.names=1)
# 出生数の観測値をデータフレームに変換
data76_OE <- data.frame(Observed=data76$n.birth)
# 出生数の期待値を計算
data76_OE <- cbind(data76_OE,
Expected=data76$pop*sum(data76$n.birth)/sum(data76$pop),
x=data76$Easting, y=data76$Northing)
# ピアソンの χ² 検定
achisq.stat(data76_OE, lambda=1)
```

すると,以下のような結果が得られる. p 値が 5% 水準で統計的に有意となったことから,帰無仮説が棄却され,都道府県別出生数データはランダムに分布しているといえる.

```
> achisq.stat(data76_OE, lambda=1)
$T
[1] 1616.169

$df
[1] 79

$pvalue
[1] 3.154174e-285
```

さらに,ブートストラップ法により標本を生成し,χ^2 検定を適用すると,図 7.1 のような結果が得られた. ここでは,パラメトリック・ブートストラップ法により 100 個の標本を生成した.

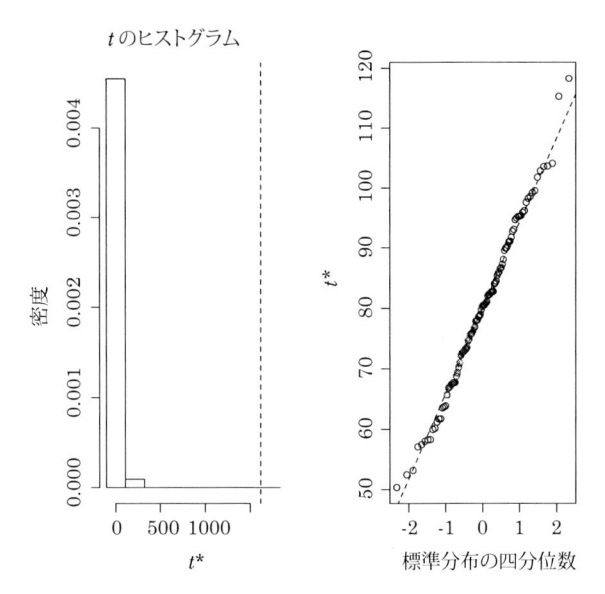

図 7.1　ブートストラップ法による標本の生成結果

```
data76_achb_pb <- boot(data76_OE, statistic = achisq.pboot,
sim ="parametric", ran.gen = poisson.sim, R = 100)
# 結果を図示
plot(data76_achb_pb)
```

7.2　Potthof-Whittinghill 検定

すべての地区において相対危険度が互いに類似しているかどうかを検証する方法として，Potthof-Whittinghill の検定がある[4,5]．観測値の平均 λ と分散 σ^2 を用いて，帰無仮説と対立仮説をそれぞれ以下のようにおく．

$$H_0: \theta_1 = \theta_2 = \cdots = \theta_N = \lambda$$
$$H_1: \theta_1 \sim \Gamma\left(\frac{\lambda^2}{\sigma^2}, \frac{\lambda^2}{\sigma^2}\right)$$

このとき，次式で表される統計量 PW を用いて，仮説検定を行う．

$$PW = \sum_{i=1}^{N} E_i \cdot \sum_{i=1}^{N} \frac{O_i(O_i-1)}{E_i}$$

7.3　Stone 検定

各地区の相対危険度が等しいという帰無仮説 H_0 に対して，特定の地域（リスク源）からの距離が増加するごとに相対危険度 θ が減少するという対立仮説 H_1 を立て，仮説検定する方法として，Stone 検定がある．帰無仮説と対立仮説は次のようになる[6]．

$$H_0: \theta_1 = \theta_2 = \cdots = \theta_N = \lambda$$
$$H_1: \theta_1 > \theta_2 > \cdots > \theta_N$$

リスク源から近い順にデータが並べ替えられているとすると，次式の検定統計量 T_θ を用いて，その統計的有意性を判断する．

$$T_\theta = \max_{1 < i < N} \frac{\sum_{j=1}^{i} O_j}{\sum_{j=1}^{i} E_j}$$

7.4　Tango 検定

空間オブジェクトどうしの隣接性を考慮して空間属性の集積性を仮説検定する方法に Tango 検定がある[2,7]．以下の Tango 統計量 T を用いて集積性の有無を χ^2 検定する．

$$T = (r-p)' \boldsymbol{A} (r-p)$$

ただし，

$$r' = \left(\frac{O_1}{\sum_{i=1}^{N} O_i}, \frac{O_2}{\sum_{i=1}^{N} O_i}, \cdots, \frac{O_N}{\sum_{i=1}^{N} O_i} \right)$$

$$p' = \left(\frac{E_1}{\sum_{i=1}^{N} E_i}, \frac{E_2}{\sum_{i=1}^{N} E_i}, \cdots, \frac{E_N}{\sum_{i=1}^{N} E_i} \right)$$

である．また行列 $\boldsymbol{A}$ は，地区 i, j 間の距離 d_{ij} とスケールパラメータ τ を用いた要素 $a_{ij} = \exp(d_{ij}/\tau)$ からなる行列である．

R 分析例

7.1 節の分析例で用いたデータを使用し，Tango 統計量 T を計算してみよう．ただし，すでにデータが読み込まれているものとする．`spdep` パッケー

ジを呼び出して空間隣接行列と空間重み付け行列を計算し，行列 A を定義する．さらに，DCluster パッケージの tango.stat() 関数を用いて Tango 統計量 T を算出する．

```
# パッケージの呼び出し
library(spdep)
library(DCluster)
# データの読み込み
data76_OE <- cbind(data76_OE, x = data76$Easting,
y = data76$Northing)
# 緯度経度座標の抽出
coords <- as.matrix(data76_OE[,c("x","y")])
# 空間隣接行列と空間重み付け行列
dlist <- dnearneigh(coords, 0, Inf)
dlist <- include.self(dlist)
dlist.d <- nbdists(dlist, coords)
col.W.tango <- nb2listw(dlist, glist = lapply(dlist.d,
function(x){exp(-x)}), style ="C")
# Tango 統計量
tango.stat(data76_OE, col.W.tango, zero.policy = TRUE)
```

7.5　Wittermore 検定

空間オブジェクト間の距離 d_{ij} を要素とする距離行列を D とし，以下の指標 W を用いて空間属性の集積性を仮説検定する方法が Wittermore 検定である[8]．期待値 E_i を用いない点が Tango の方法と異なる．

$$W = \frac{N-1}{N} r' D r$$

$$r' = \left(\frac{O_1}{\sum_{i=1}^N O_i}, \frac{O_2}{\sum_{i=1}^N O_i}, \cdots, \frac{O_N}{\sum_{i=1}^N O_i} \right)$$

7.6　Besag-Newell 検定

空間データの観測値 O_i の発生が非常にまれであり，負の二項分布などに従うような場合に Besag-Newell 検定が用いられる[9]．クラスタ候補となる地区

を A_0 とする．そして，A_0 の地区中心点から近い順に，他の地区を $A_j\,(j=1,2,\ldots)$ とラベル付けする．

地区 i の観測値 O_i および人口数 y_i をもとに，以下の統計量 D_i および u_i を用いて，クラスタ候補の有意水準を求める．

$$D_i = \sum_{j=0}^{i} O_j - 1$$

$$u_i = \sum_{j=0}^{i} y_j - 1$$

期待されるクラスタの規模 k に対して，

$$M = \min\{i : D_i \geq k\}$$

とすると，最近隣の M 地区に対して最も近い k 個のクラスタが形成される．M 地区の観測値が m であるとすると，クラスタとなりうる場合の有意水準 $\Pr(M \leq m)$ は次式のようになる．

$$\Pr(M \leq m) = 1 - \Pr(M > m)$$
$$= 1 - \frac{\sum_{s=0}^{k-1} \exp\left(-u_m\left(\sum_{j=0}^{i} O_j \big/ \sum_{j=0}^{i} y_j\right)\right)\left(u_m\left(\sum_{j=0}^{i} O_j \big/ \sum_{j=0}^{i} y_j\right)\right)^s}{s!}$$

7.7　Geographical Analysis Machine

分析対象地域上に空間クラスタを表示するための点データ $k\,(=1,2,\ldots,K)$ を生成し，生成した点データを中心に半径 r の円を描き，これをウィンドウと呼ぶ．ウィンドウ k 内の観測値の合計を O_{k+}，期待値の合計を E_{k+} とする．ここで，O_{k+} が E_{k+} に対して統計的に有意な差があるほど大きな値をとるとき，ウィンドウ k はクラスタの候補となり，地図上にマークされる．この方法を，Openshaw の Geographical Analysis Machine（GAM）と呼ぶ．一般的に，空間クラスタを表示するポイントデータとして，格子データの交点を用いることが多い．

格子データの交点ではないが，市区町村代表点データ上に，市区町村別出生率を用いて GAM を適用した結果を図 7.2 に示す．代表点の○の中に＊が示されている地点は，空間クラスタとして統計的に有意であると判定された地点を意味する．

7.7 Geographical Analysis Machine

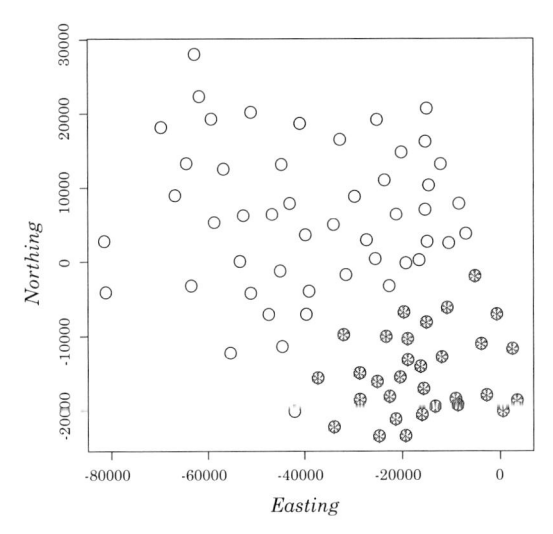

図 7.2 市区町村別出生率への GAM の適用例

この方法では，空間クラスタ表示点（あるいは格子点）を移動しながら一つ一つクラスタを見つけるため，簡便な方法であるといえ，空間クラスタを検出する基本的な考え方となっている．しかしながら，クラスタ候補を決める際，ウィンドウの半径と位置を変動させるたびに，O_{k+} と E_{k+} の統計的有意差を検定する必要がある点や，重なるクラスタが多く生成される点など，計算上の非効率性の面から問題点が指摘されている．

R 分析例

7.1 節の R 分析例で用いたデータを使用し，GAM を算出してみよう．ただし，すでに DCluster パッケージが呼び出されているものとする．ここでは格子座標として，市区町村代表点座標をそのまま用いている．ウィンドウの半径を 20,000 とし，5%水準で統計的に有意かどうか検討することにより，空間クラスタを判断している．

```
# グリッドの生成
thegrid <- as(data76_OE, "data.frame")[,c("x","y")]
# GAM の適用
data76_opg <- opgam(data = as(data76_OE, "data.frame"),
thegrid = thegrid, radius = 20000, step = 1000, alpha = 0.05)
# 結果の図示
```

```
plot(data76_OE$x,data76_OE$y, xlab ="Easting",
ylab ="Northing")
points(data76_opg$x, data76_opg$y, col ="red", pch ="*")
```

7.8　Kulldorff-Nagarwalla の空間スキャン検定

地区 i の中心点を中心とする同心円で構成されるウィンドウの集合を Z_i とし，Z_i の要素を $z \in Z_i$ とする．このとき，Kulldorff-Nagarwalla の空間スキャン検定では，次式で表される最大尤度比となるウィンドウを，クラスタの候補と考える[10]．

$$\max_{z \in Z_i} \left(\frac{O_z}{E_z}\right)^{O_z} \left(\frac{O_+ - O_z}{E_+ - E_z}\right)^{(O_+ - O_z)}$$

ここで，O_z と E_z はウィンドウ z 内の観測値と期待値の合計，O_+ と E_+ はウィンドウ全体の期待値の合計をそれぞれ意味する．

最大尤度比を得るためには，モンテカルロ・シミュレーションで求めた値を用いて統計的有意性を判断する．

参　考　文　献

1) Pfeiffer, D., T. P. Robinson, M. Stevenson, K. B. Stevens and D. J. Rogers (2008), *Spatial Analysis in Epidemiology*, Oxford University Press.
2) 丹後俊郎・横山徹爾・高橋邦彦 (2007)，『空間疫学への招待（医学統計学シリーズ 7)』，朝倉書店．
3) 総務省統計局 (2009)，『統計でみる都道府県のすがた 2009』，日本統計協会．
4) Potthof, R. F. and M. Whittinghill (1966), "Testing for homogeneity: I. The binomial and multinomial distributions", *Biometrika*, 53, 167-182.
5) Potthof, R. F. and M. Whittinghill (1966), "Testing for homogeneity: II. The Poisson distribution", *Biometrika*, 53, 183-190.
6) Stone, R. A. (1988), "Investigating of excess environmental risks around putative sources: Statistical problems and a proposed test", *Statistics in Medicine*, 7, 649-660.

7) Tango, T.(1995),"A class of tests for detecting 'general' and 'focused' clustering of rare diseases", *Statistics in Medicine*, **14**, 2323-2334.
8) Whittermore, A. S., N. Friend, W. Byron, J. R. Brown and E. A. Holly(1987),"A test to detect clusters of disease", *Biometrika*, **74**, 631-635.
9) Besag, J. and J. Newell(1991),"The Detection of Clusters in Rare Diseases", *Journal of the Royal Statistical Society, Series A*, **154**, 143-155.
10) Kulldorff, M. and N. Nagarwalla(1995),"Spatial disease clusters: detection and inference", *Statistics in Medicine*, **14**, 799-810.

8 空間点過程

　本章では，ポイントデータの空間分布がランダムであるかどうか分析する手法を扱う．これは，**空間点過程**（spatial point process）や**ポイントパターン分析**（point pattern analysis）などとして知られている．

　空間点過程は，以下のように，広範な分野で応用されている．
① 空間疫学の分析：感染症（コレラ，インフルエンザなど）の発症者の空間分布解析など
② 生態学分野：森林での植生分布の一様性・凝集性を検出する場合など
③ 地震工学：地震発生データに基づく地震活動の空間分布解析など
④ 画像工学：プリンタインクの粒径分布の一様性分析など
⑤ 人間工学：アイマークレコーダ（EMR）での注視点解析など
⑥ 都市工学：犯罪発生地点の集積性や GPS で得られた交通行動の解析など
⑦ 天体物理学：惑星や銀河の分布解析など

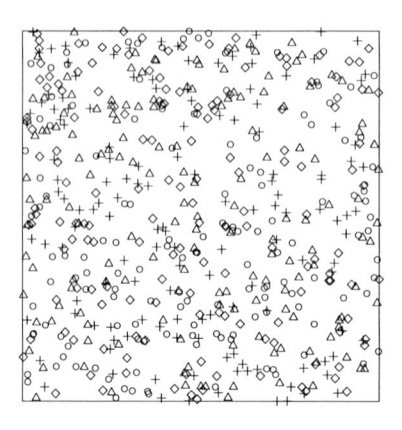

図 8.1　マーク付き点過程の例

8. 空間点過程

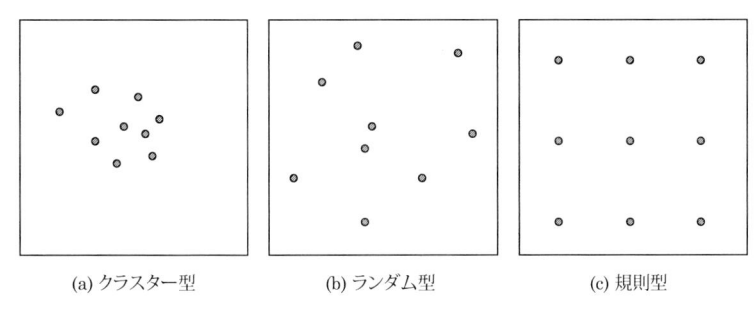

(a) クラスター型　　(b) ランダム型　　(c) 規則型

図 8.2　ポイントデータの分布パターン

　空間点過程分析では，しばしば属性値をもつポイントデータを扱うことがある．属性値をもつ点過程のことを，**マーク付き点過程**と呼ぶ．この場合，属性値は離散値でも連続量でもかまわない．要因別に見た死亡者の分布は，離散的な属性をもつマーク付き点過程として表現できる．また地震のマグニチュード分布は，連続的な属性をもつマーク付き点過程である．マーク付き点過程の例を図 8.1 に示す．

　ポイントデータの分布パターンの代表例は，図 8.2 のように表される．すなわち，(a) 特定の場所周辺に凝集する「クラスター型」，(b) 特定の場所周辺に凝集することなくランダムに分布する「ランダム型」，(c) 一定間隔ごとに均等に分布する「規則型」である．ランダム型の分布パターンでは地点間の相互作用がなく，規則型の分布パターンでは地点間が反発するような相互作用があるといえる．

　ポイントデータの空間分布がランダムであるかどうかを検証するベンチマークとして，**空間的に完全ランダムな分布**（CSR：complete spatial randomness）をもつデータを与え，分析対象領域に与えられたポイントデータに対して比較する方法が知られている．この方法では，点過程がランダムに分布する場合，CSR となるポイントデータは**一様**（homogeneous）で**等方的**（isotropic）な**定常ポアソン過程**（stationary Poisson process）に従うという強い仮定をおく．そして「点過程が完全にランダムである」という帰無仮説に対して仮説検定を行うことにより，点過程のランダム性を検証する．代表的な手法として，**コドラート法**，**最近隣距離法**，**コルモゴロフ-スミルノフ検定**がある．

　また，一様でないポアソン過程（inhomogeneous Poisson process）を仮定

する方法として，観測データに適当なモデルをあてはめる方法がある．

地点間の相互作用や依存性を考慮して，地点間の距離に基づく関数を用いる方法も提案されている．この場合，**距離マップ**や**最近隣距離**，**ペアワイズ距離**に基づく関数などが用いられる．

8.1　コドラート法

分析対象地域を「コドラート」と呼ばれる任意の方形サブ領域に分割し，各コドラート内の点密度（コドラートの面積はすべて同じであるため，この場合，コドラート内の点の度数に相当）の実測値に対して，ポイントデータがランダムに分布している場合の点密度の理論値とを比較し，ピアソンの χ^2 検定を行う方法がコドラート法である．このとき，帰無仮説 H_0 は「実測値と（CSR な）理論値との間に差がない（実測値はランダムに分布する）」であり，対立仮説 H_1 は「実測値と（CSR な）理論値との間に差がある（実測値はランダムに分布しない）」である．

ポイントデータの総数を N，コドラート数を q とする．またコドラート内の点の数を，0 を含む自然数 $k\,(=0, 1, \cdots, K)$ で表すとする．ポイントデータが空間的にランダムに分布するとき，ポアソン分布に従うと仮定する．このとき，コドラート内の点の度数が k となる確率 $P(k)$ は次のようになる．

$$P(k) = \frac{\lambda^k \cdot \exp(-\lambda)}{k!}$$

ただし，$\lambda = N/q$ である．

コドラート内の点の度数 k となるコドラート数を度数分布表に集計し，コドラート数の実測度数を O_k，期待度数を $E_k = q \cdot P(k)$ とする．このとき χ^2 値は，

$$\chi^2 = \sum_{k=1}^{K} \frac{(O_k - E_k)^2}{E_k}$$

となる．この値が，自由度 df，有意水準 α の場合の χ^2 理論値より小さければ（または p 値が有意水準 α より小さければ），有意水準 α で「観測されたポイントデータがランダムな分布に従う」という帰無仮説を棄却できず，ランダムに分布しているといえる．

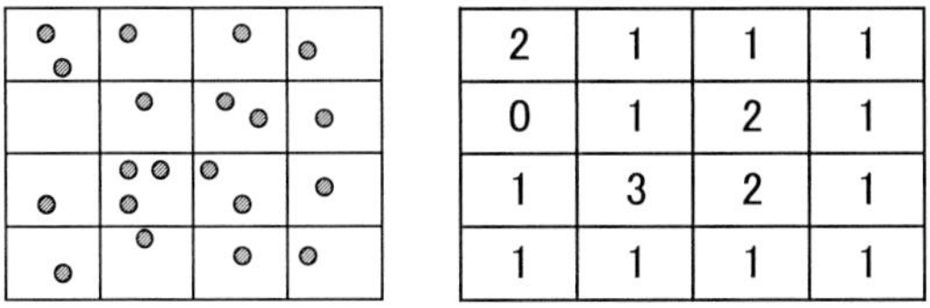

(a) 点分布　　　　　　(b) 点の度数

図 8.3 コドラート法による点の度数の集計

一例として，図 8.3(a) のように 20 個のポイントデータが分布しているところに，4×4=16 個のコドラートを用いて点分布のランダム性を χ^2 検定する場合を考えてみよう．このとき，コドラート内の点の数は図 8.3(b) のようになる．この場合，$N=20$ および $q=16$ であることから，$\lambda=N/q=20/16=1.25$ である．したがって，コドラート内の点の度数 k が 0 となる確率は，

$$P(0)=\frac{\lambda^0 \cdot \exp(-\lambda)}{0!}=\frac{1.25^0 \cdot \exp(-1.25)}{0!}$$

$$\approx 0.2865$$

となる．同様にして，

$$P(1) \approx 0.3581$$
$$P(2) \approx 0.2238$$
$$P(3)=1-\{P(0)+P(1)+P(2)\} \approx 0.1316$$

となる．

このとき，k に対してコドラートの実測度数 O_k を集計した度数分布表を作成し，上述の確率 $P(k)$ を用いて期待度数 E_k を計算すると，表 8.1 のようになる．$(O_k-E_k)^2/E_k$ を合計することにより χ^2 値は 7.62 となる．

表 8.1 コドラート法の度数分布表

点の度数 k	実測度数 O_k	確率 $P(k)$	期待値 E_k[1]	$(O_k-E_k)^2/E_k$
0	1	0.2865	5	3.20
1	11	0.3581	6	4.17
2	3	0.2238	4	0.25
3	1	0.1316	1	0.00

[1] 期待値については，E_0, E_1, E_2 は小数点以下を四捨五入し，$E_3=16-(E_0+E_1+E_2)$ とした．

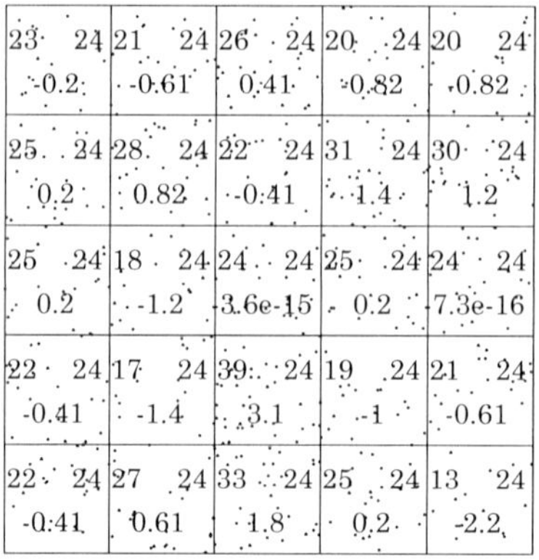

図 8.4 コドラート法による分析例

　度数分布表の階級区分が4であることから，有意水準0.05で自由度3のχ^2理論値を求めると7.81となる．このとき，算出されたχ^2値がχ^2理論値より小さいことから，帰無仮説は棄却されず，与えられた点分布はランダムに分布しているといえることになる．

　600個のポイントデータに対して25個のコドラートを用いて分析した例を図8.4に示す．この図では，コドラート内のポイントデータの実測度数O_kが上段左に，ランダムに分布した場合の期待度数E_kが上段右に，各コドラートの$(O_k-E_k)^2/E_k$値が下段に示されている．

　λの値がある程度大きい場合，ポアソン分布は正規分布に近づく性質があるが，このときポアソン分布の平均と分散の比が1となる．この性質を利用して，すべてのコドラートに対して，コドラート内の点の度数の平均と分散の比をχ^2検定する方法が用いられることもある．

　コドラート法はCSRを検証する簡便な方法といえるが，コドラートの形状や数を変更すると，仮説検定の結果が変わりうるという問題点ももっている．またコドラート数が多いと，$k=0$となるコドラートが増加する．他方，コドラート数が少ないと，コドラート内の点の度数はλに近づく．

R 分析例

　プリンターを使って印字する場合，任意の区画においてインクがむらなく（ランダムに）分布していることが必要となる．ここでは，二次元平面上にシ

アン"c"，マゼンタ"m"，イエロー"y"，ブラック"b"の四色のマークがつけられた仮想的な点過程データを用いて分析を行う．

spatstatパッケージのquadrat.test()関数を使った分析例を示す．

```
# spatstat パッケージを使用
library(spatstat)
# データの読み込み
X600 <- read.table("X600.txt", sep=",", header=TRUE)
# ポイントデータにマークを付与
m <- sample(c("c","m","y","b"), 600, replace=TRUE)
m <- factor(m, levels=c("c","m","y","b"))
# ppp() 関数を用いて点過程データに変換
X <- ppp(X600$x, X600$y, c(0,1), c(0,1), marks=m)
# ポイントデータおよびコドラート分析結果の図示
plot(X, cex=0.2, main="")
plot(quadrat.test(X, nx=5, ny=5), col=1, cex=1.5, add=TRUE)
```

8.2 最近隣距離法

対象地域内の任意の点 i に対して，最近隣点までの距離を測定することで，ポイントデータの分布に関する特徴を把握する方法が最近隣距離法である．地点 $i, j\, (i \neq j)$ 間の距離を d_{ij} とし，任意の地点 i に対する最近隣点までの距離を $d_i = \min_{i \neq j} d_{ij}$ とする．

ポイントデータの数が N 個のとき，最近隣点までの距離の平均値 r は次式のようになる．

$$r = \frac{1}{N}\sum_{i=1}^{N} d_i$$

各地点を中心とした半径 r の円の中に点が1つも現れない確率は，次式のように表される．

$$P(k=0) = \exp(-\pi \lambda r^2)$$

ただし λ は単位面積あたりの点の度数（**点密度**），つまり対象地域内のポイントデータの数 N を対象地域面積 A で除した値（$\lambda = N/A$）を意味する．点密度は，**強度**（intensity）とも呼ばれる．

半径 r の円の中に少なくとも1つほかの点が現れる確率 $F(r)$ は次式のようになる．

$$F(r)=1-\exp(-\pi\lambda r^2)$$

また，最近隣距離の確率密度関数 $f(r)$，期待値 $E(r)$，分散 $V(r)$ は，それぞれ以下のように表される．

$$f(r)=2\pi\lambda r\cdot\exp(-\pi\lambda r^2)$$

$$E(r)=\frac{1}{2\sqrt{\lambda}}$$

$$\begin{aligned}V(r)&=E(r^2)-E^2(r)\\&=\frac{1}{\lambda\pi}-\frac{1}{4\lambda}\\&=\frac{4-\pi}{4\pi\lambda}\end{aligned}$$

このとき，最近隣指数 $R=r/E(r)=2r\sqrt{\lambda}$ を用いて，標準化正規確率の限界値を比較することにより，ランダム性を検定する．具体的には，次式で表される z_R 値を計算する．

$$z_R=\frac{r-E(r)}{V(r)}=\frac{E(r)(R-1)}{V(r)}$$

この方法はポイントデータの統計的特徴を記述する簡便な方法であるが，最近隣点との関係しか把握できないという限界もある．

8.3 コルモゴロフ-スミルノフ検定

対象地域全体の観測点に対して，任意の関数から得られる期待地点を比較し，コルモゴロフ-スミルノフ検定を行う方法もしばしば用いられる．この方法では，観測地点データがある関数から得られる期待地点データの分布に従うという帰無仮説を仮説検定する．

例えば，関数として x 座標を採用し，x 座標の観測値と期待値とを比較することができる．区間 $[0,1]$ においてランダムに生成したポイントデータについて，x 座標の観測値と期待値の累積確率を示した例を図8.5に示す．

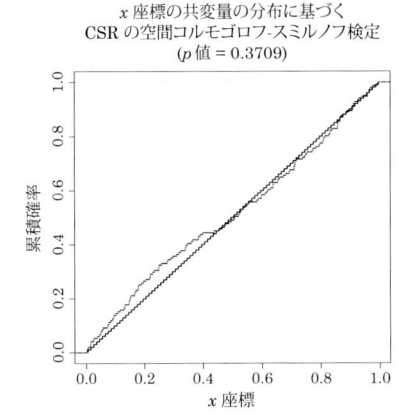

図 8.5　コルモゴロフ-スミルノフ検定の観測値と期待値の分布

R 分析例

ここでは，8.1 節の R 分析例で用いた点過程データを使用する．すでにデータが用意され，spatstat パッケージが呼び出されているものとする．kstest() 関数を用いてコルモゴロフ-スミルノフ検定を行う．

```
xcoord <- function(x,y){x}
kstest(split(X)$c, xcoord)
plot(kstest(split(X)$c, xcoord))
```

8.4　観測データにモデルをあてはめる方法

コドラート法やコルモゴロフ-スミルノフ検定では，ランダムな点分布として一様なポアソン過程を仮定していた．本節では一様でないポアソン過程を仮定して，適当なモデルを観測データにあてはめる方法を紹介する．

分析対象地域 A 内の任意の地点 u におけるポイントデータの平均密度（単位面積あたりのポイントデータの度数の期待値）が，回帰係数 θ を用いて密度関数 $\lambda_\theta(u)$ と表されるとする．観測地点 $O_i\,(i=1,2,...,N)$ が与えられたとき，未知パラメータ θ を求めるための対数尤度関数 $\log(\theta;O_i)$ は，次式のように表される．

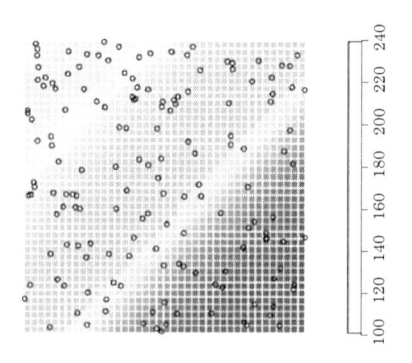

図8.6 観測データにポアソンモデルをあてはめた結果の表示例

$$\log(\theta; O_i) = \sum_i^N \lambda_\theta(O_i) - \int_A \lambda_\theta(u) du$$

この対数尤度関数を最大化する解を求めることで，θ を得ることができる．例えば，密度関数 $\lambda_\theta(u)$ が次式のような線形関数で表されるとする．

$$\lambda_\theta(u) = \theta_0 + \theta_1 x + \theta_2 y$$

ここで，x と y はそれぞれ地点 u の x 座標と y 座標を，θ_0，θ_1 および θ_2 は回帰係数を意味する．観測データに対してポアソンモデルをあてはめた結果は，例えば図8.6のようになる．

8.5 距離に基づく関数を用いる方法

ポイントデータ分布がランダムであるかどうかを，ポアソン分布に従うかどうかではなく，地点間の距離により点どうしの相互作用や依存性を示す統計量を用いて検証する方法がある．地点間の距離を示す方法として，距離マップ，最近隣距離，ペアワイズ距離の3つが用いられる．

距離マップは，任意の地点 u に対して最も近い観測地点までの距離を示したものであり，図8.7に示されるように，対象地域内の任意の地点 u に対して，観測地点 O_i までの距離の最小値 $d(u) = \|u - O_i\|$ を可視化したものである．距離マップを用いた関数に，F 関数がある．

最近隣距離は，8.2節で示したように，任意の地点 i に対する最近隣点までの距離を意味する．最近隣距離を使った関数として，G 関数が用いられる．

8.5 距離に基づく関数を用いる方法

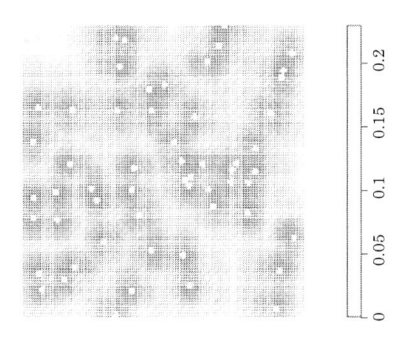

図 8.7 距離マップ

ペアワイズ距離とは，異なる地点 $i,j\,(i\neq j)$ 間のすべての組み合わせの距離 $s_{ij}=\|O_i-O_j\|$ を意味する．ペアワイズ距離を用いた関数として，K 関数や L 関数が知られている．距離マップの作成例を図 8.7 に示す．

R 分析例

ここでは，ランダムに 100 個の点過程データを生成し，距離マップを作成してみよう．すでに spatstat パッケージが呼び出されているものとする．

```
# ランダムな点過程データを生成
# runif() 関数を使うとランダムな一様分布に従うデータを生成できる
x <- runif(100)
y <- runif(100)
Y1 <- ppp(x,y,c(0.1,0.9),c(0.1,0.9))
# 距離マップおよびポイントデータの図示
plot(distmap(Y1), main="")
points(Y1, col="white", pch=19)
```

8.5.1 境界効果

点過程分析を行う場合，分析対象としているポイントデータが対象地域の外にも分布していることがある．このとき，分析対象地域（ウィンドウともいう）の境界に近いところに分布するポイントデータは，境界線周辺の対象地域外のポイントデータの影響を受けることがある．こうした周縁部での影響を**境界効果**（edge effect）と呼ぶ．

例えば，もともと図 8.8(a)のように分布しているデータに対して，点線の

(a) 与えられた点データ

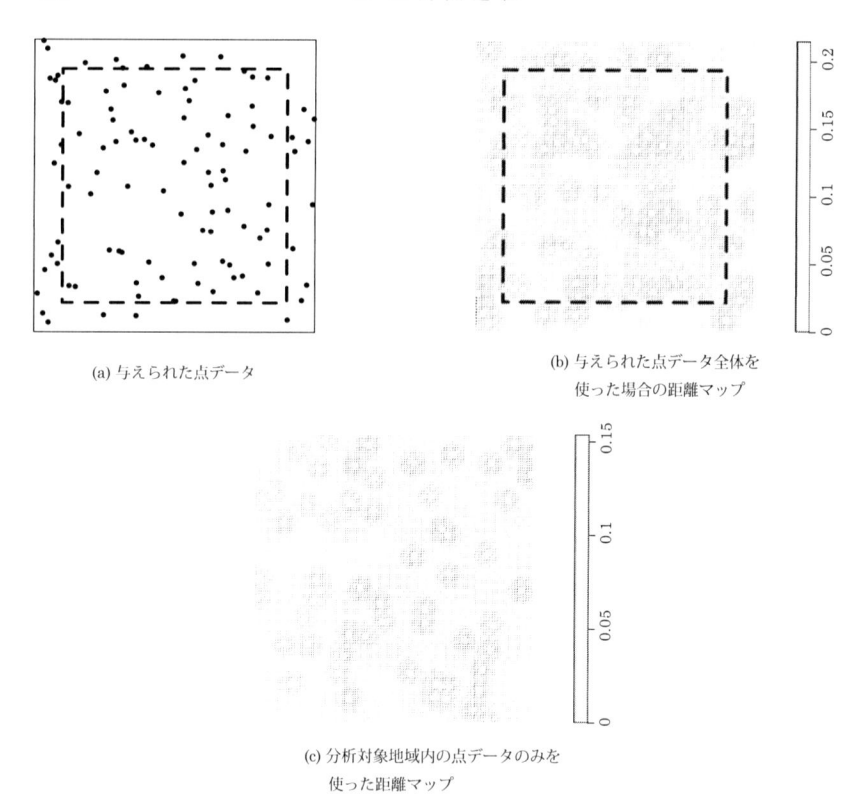

(b) 与えられた点データ全体を使った場合の距離マップ

(c) 分析対象地域内の点データのみを使った距離マップ

図 8.8　境界効果

枠内のみを分析対象とする．すると，もともとの（分析対象地域外のデータを含む）ポイントデータを用いて距離マップを作成すると図 8.8(b)のようになるが，分析対象地域のポイントデータのみで距離マップを作成すると図 8.8(c)のようになる．この結果から，境界線周辺でのポイントデータの扱いには注意が必要であることがわかる．

こうした境界効果への対処方法としては，単純に無視する，境界修正を行うなどの方法が提案されている[2]．

8.5.2　F 関数

F 関数は，距離マップ上の任意の地点（格子点）u_g ($g=1, 2, ..., m$) において適当な半径を与えたときに，$d(u_g) \leq r$ となる累積分布関数として定義される．

$$F(r)=\Pr\{d(u_g)\leq r\}$$

$d(u_g)\leq r$ となる地点数を集計した値を $N(d(u_g)\leq r)$ とする．

$$N(d(u_g)\leq r)\sum_{g}\mathbf{1}\{d(u_g)\leq r\}$$

このとき，F 関数の経験分布関数は次式のように表すことができる．

$$F^*=\frac{1}{m}N(d(u_g)\leq r)$$

F 関数の推定量 $\widehat{F}$ は，境界効果を修正する重み $e(u_g, r)$ を用いて，次式から得られる．

$$\widehat{F}(r)=\sum_{g=1}^{m}e(u_g, r)\cdot \mathbf{1}_{d(u_g)\leq r}$$

一様なポアソン分布に従うと仮定すると，F 関数は次式のようになる．

$$F(r)=1-\exp(-\pi\lambda r^2)$$

F 関数の推定例を図 8.9 に示す．$\widehat{F}(r)>F(r)$ となるとき，観測されたポイントデータは規則型の分布パターンとなり，$\widehat{F}(r)<F(r)$ となるときクラスター型のパターンとなる．

8.5.3 G 関数

G 関数は，地点 i の最近隣距離 d_i に対して，適当な半径 r を与えたときに，$d_i\leq r$ となる累積分布関数として定義できる．

$$G(r)=\Pr\{d_i\leq r\}$$

$d_i\leq r$ となる地点数を $N(d_i; d_i\leq r, \forall i)$ と書くことにする．このとき，G 関数の経験分布関数は次式のように表すことができる．

$$G^*=\frac{N(d_i; d_i\leq r, \forall i)}{N}$$

G 関数の推定量 $\widehat{G}$ は，境界効果を修正する重み $e(O_i, r)$ を用いて，次式から得られる．

$$\widehat{G}(r)=\sum_{i=1}^{N}e(O_i, r)\cdot \mathbf{1}_{d(O_i)\leq r}$$

点過程が CSR であるとき，G 関数は点密度 λ を用いて次式のようになる．

$$G(r)=1-\exp(-\pi\lambda r^2)$$

G 関数の推定例を図 8.10 に示す．$\widehat{G}(r)<G(r)$ となるとき観測されたポイン

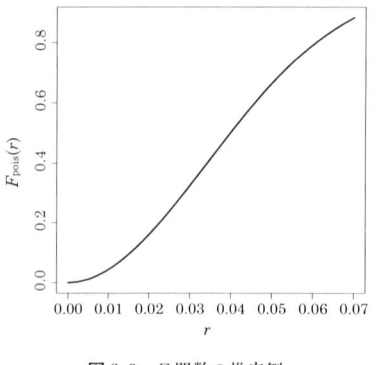

図 8.9　F 関数の推定例

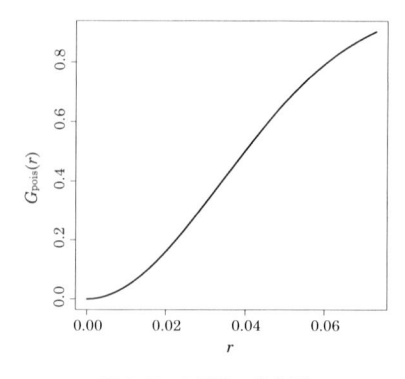

図 8.10　G 関数の推定例

トデータは規則性をもち，$\widehat{G}(r) > G(r)$ となるとき凝集的なパターンをもつといえる．

8.5.4　K 関数

地点 $i, j\,(i \neq j)$ 間のペアワイズ距離 s_{ij} を用いて，$s_{ij} \leq r$ となる地点数を $N(s_{ij}; s_{ij} \leq r, \forall i)$ と書くことにする．このとき K 関数は，$N(s_{ij}; s_{ij} \leq r, \forall i)$ の期待値と点密度 λ を用いて，次式のように定義される．

$$K(r) = \frac{E[N(s_{ij}; s_{ij} \leq r, \forall i)]}{\lambda}$$

また，K 関数の経験分布関数は次式のように表すことができる．

$$K^* = \frac{A}{(N-1)\pi} N(s_{ij}; s_{ij} \leq r, \forall i)$$

ただし A は対象地域の面積を意味する．

K 関数の推定量 $\widehat{K}$ は，Ripley の K 関数と呼ばれる．以下の式のほかにも，様々な関数式を用いることが提案されている．

$$\widehat{K} = \frac{A}{(N-1)\pi} \sum_i \sum_{j \neq i} e_{ij} \cdot \mathbf{1}_{s_{ij} \leq r}$$

ただし，e_{ij} は境界効果を修正する重みを意味する．

点過程が CSR であるとき，K 関数は次式のようになる．

$$K(r) = \pi r^2$$

K 関数の推定例を図 8.11 に示す．$\widehat{K}(r) > K(r)$ のときクラスター型の分布パ

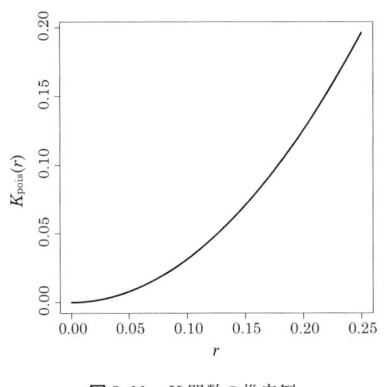

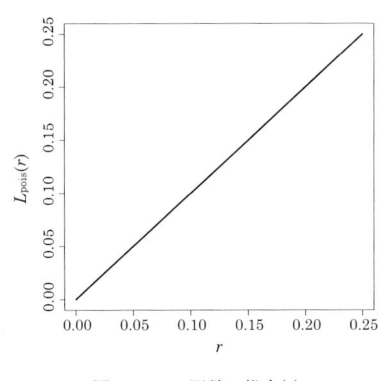

図 8.11　K 関数の推定例　　　　　図 8.12　L 関数の推定例

ターン，$\widehat{K}(r)<K(r)$ のとき規則型の分布パターンとなる．

8.5.5　L 関 数

しばしば，K 関数を次式のように変形した L 関数が用いられる．

$$L(r)=\sqrt{\frac{K(r)}{\pi}}$$

点過程が CSR であるとき，つまり一様なポアソン過程に従うとき，$L(r)=r$ となる．L 関数の推定例を図 8.12 に示す．

8.5.6　J 関 数

G 関数と F 関数を組み合わせた統計量として，J 関数が知られている．

$$J(r)=\frac{1-G(r)}{1-F(r)}$$

J 関数は，点過程が CSR のときに 1 となる．また，クラスター型の分布となるときには 1 より小さい値を，規則型の分布となるときには 1 より大きい値を，それぞれとることがわかっている．J 関数の推定例を図 8.13 に示す．

8.5.7　ペア相関関数

K 関数の導関数を用いてペア相関関数が定義される．

$$g(r)=\frac{K'(r)}{2\pi r}$$

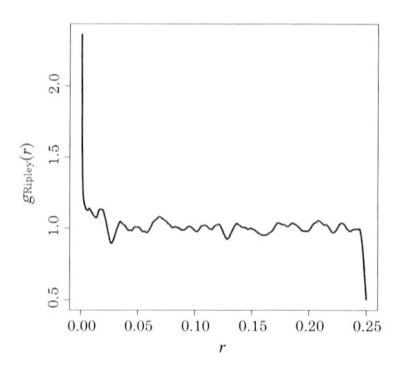

図 8.13　J 関数の推定例　　　　　　図 8.14　ペア相関関数の推定例

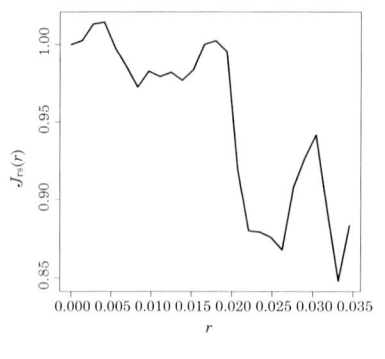

　ペア相関関数の推定例を図 8.14 に示す．$g(r)<1$ のとき規則型の分布パターン，$g(r)>1$ のときクラスター型の分布パターンとなる．

8.6　マーク付き点過程の分析

　8.5 節で紹介した距離に基づく関数を，マーク付き点過程に適用することにより，マーク間の点過程について独立性やランダム性を示すことができる．ただし，マーク（属性値）が離散値か連続量かによって分析方法が異なる．
　マーク付き点過程の分析方法は，特定のマークとほかのマークとの組み合わせを分析する方法と，特定のマークとほかのすべてのマークとの組み合わせを分析する方法とがある．前者は，F 関数，G 関数，K 関数，L 関数，J 関数，ペア相関関数に適用することができる．マーク付き点過程の K 関数を推定した例を図 8.15 に示す．
　ここでは，8.1 節の R 分析例で用いたデータと同様に，インクジェットプリンターを使った印字においてインクの分布のランダム性を検出する場面を想定して，インクカートリッジのシアン "c"，マゼンタ "m"，イエロー "y"，ブラック "b" の四色のインクが図 8.1 のように分布している場合の，マーク付き点過程の K 関数を推定した．図 8.15(a) では，このうちシアンとマゼンダを組み合わせた K 関数を，図 8.15(b) ではすべてのマークの組み合わせについて K 関数を推定している．

(a) 複数のマークの組み合わせ　　　(b) すべてのマークの組み合わせ

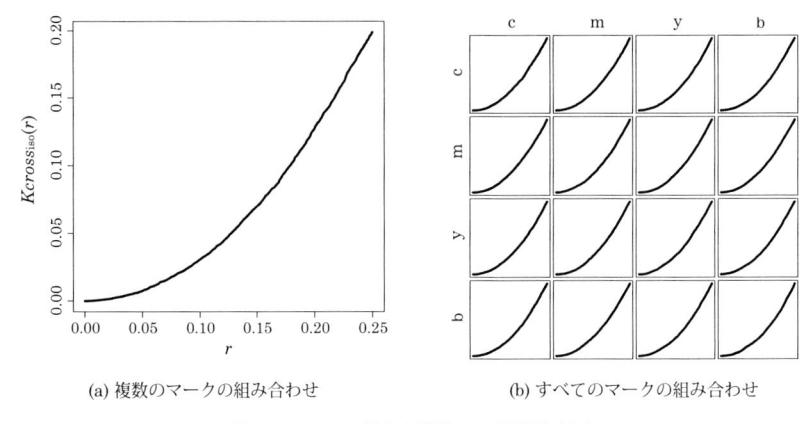

図 8.15　マーク付き点過程の K 関数推定例

8.7　シミュレーションによる適合度分析

　点過程のランダム性を示すため，K 関数などの関数を用いてモンテカルロ・シミュレーションによる適合度分析を行う方法も提案されている．与えられた点過程が，シミュレーションによる包絡線の最小値と最大値の間に包含されるかどうかにより判断する．シミュレーションによる F 関数，G 関数および K 関数の適合度分析を行った例を図 8.16 に示す．

R 分析例

　本節で紹介した，距離に基づく関数を描いてみよう．ここでは，spatstat パッケージを呼び出し済みで，8.1 節の R 分析例で示した 600 個のポイントデータがすでに読み込まれており，ppp() 関数を用いて点過程データに変換されているものとする．

```
# F 関数
plot(Fest(X), theo~r, main="")
# G 関数
plot(Gest(X), theo~r, main="")
# K 関数
plot(Kest(X), theo~r, main="")
# L 関数
```

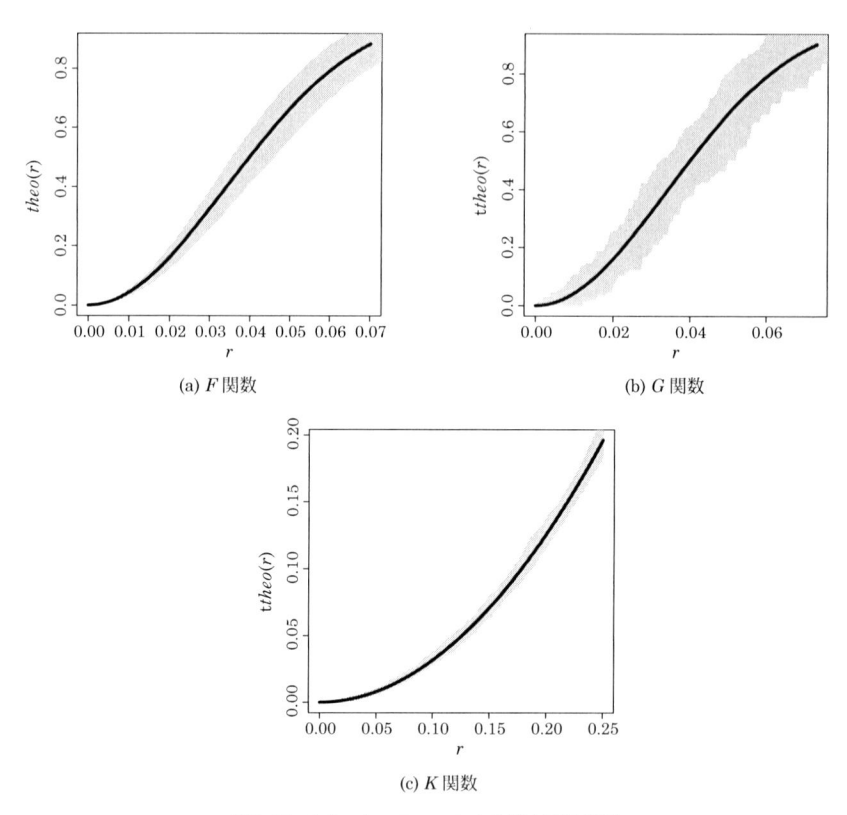

図 8.16 シミュレーションによる適合度分析例

```
plot(Lest(X), theo~r, main="")
# J 関数
plot(Jest(X), km~r, main="")
# ペア相関関数
plot(pcf(X), iso~r, main="")
# マーク付き点過程の K 関数
plot(Kcross(X, "c", "b"), iso~r)
plot(alltypes(X, "K"), iso~r)
# シアン "c" のポイントデータを対象に，F 関数，G 関数，K 関数の包絡分析を
行う
# F 関数
Fenv.c <- envelope(split(X)$c, fun=Fest, nsim=100)
xx <- seq(from=0, to=max(Fenv.c$r),length=length(Fenv.c$lo))
```

```
x <- c(xx,max(Fenv.c$r)-xx)
y <- Fenv.c$hi, sort(Fenv.c$lo, decreasing=TRUE)
plot(Fenv.c, theo~r, main="", cex.axis=1.2, cex.lab=1.2, lwd=3,
font.lab=4)
polygon(x,y,col="grey", border="grey")
plot(Fenv.c, theo~r, main="", cex.axis=1.2, cex.lab=1.2, lwd=3,
font.lab=4, add=TRUE)
polygon(c(xx,max(Fenv.c$r)-xx), c(Fenv.c$hi, sort(Fenv.c$lo,
decreasing=TRUE)), col="grey", border="grey")
plot(Fenv.c, theo~r, main="", cex.axis=1.2, cex.lab=1.2, lwd=3,
font.lab=4, add=TRUE)
# G関数
Genv.c <- envelope(split(X)$c, fun=Gest, nsim=100)
xx <- seq(from=0, to=max(Genv.c$r),length=length(Genv.c$lo))
plot(Genv.c, theo~r, main="", cex.axis=1.2, cex.lab=1.2, lwd=3,
font.lab=4)
polygon(c(xx,max(Genv.c$r)-xx), c(Genv.c$hi, sort(Genv.c$lo,
decreasing=TRUE)), col="grey", border="grey")
plot(Genv.c, theo~r, main="", cex.axis=1.2, cex.lab=1.2, lwd=3,
font.lab=4, add=TRUE)
# K関数
Kenv.c <- envelope(split(X)$c, fun=Kest, nsim=100)
xx <- seq(from=0, to=max(Kenv.c$r),length=length(Kenv.c$lo))
plot(Kenv.c, theo~r, main="", cex.axis=1.2, cex.lab=1.2, lwd=3,
font.lab=4)
polygon(c(xx,max(Kenv.c$r)-xx), c(Kenv.c$hi, sort(Kenv.c$lo,
decreasing=TRUE)), col="grey", border="grey")
plot(Kenv.c, theo~r, main="", cex.axis=1.2, cex.lab=1.2, lwd=3,
font.lab=4, add=TRUE)
```

参 考 文 献

1) Baddeley, A.(2008), *Analysing spatial point pattern in R, Workshop Notes version 3*, CSIRO, http://www.csiro.au/files/files/pn0y.pdf
2) Illian, J., A. Penttinen, H. Stoyan and D. Stoyan (2008), *Statistical Analysis and Modelling of Spatial Point Pattern*, Wiley.

9 空間補間

本章では，密度関数と空間補間法による空間点過程データの可視化手法を扱う．第8章では，ポイントデータ分布のランダム性を把握する方法を紹介したが，密度関数を用いれば，ポイントデータ分布の一様性や偏りを面的に可視化できる．また，連続量を属性値としてもつようなマーク付き点過程について，空間補間法を用いれば，観測されない地点での属性値の予測が可能となる．空間補間法は，例えばボーリングデータを使った土壌成分分析や鉱石含有率の分布予測，環境観測地点データを使った気温や大気汚染物質の分布予測などといった分野で用いられている．

まず，**カーネル密度関数**を用いた点密度の可視化手法について取り上げる．次に，**逆距離加重法**（IDW：inverse distance weight）とクリギングという空間補間法を紹介する．**クリギング補間法**では，各地点の属性値に関する空間的自己相関の範囲や等方性・異方性を考慮するために，確率場データをモデル化した**バリオグラム**（variogram）というモデルを用いる．

9.1　カーネル密度関数

対象地域 A（面積 $|A|$）に N 個のポイントデータ $x_i\,(i=1,2,...,N)$ があるとする．このとき，対象地域における点密度は $\lambda=N/|A|$ となる．地域 A の任意の地点 u における点密度の推定量 $\hat{\lambda}(u)$ は，次式のように表すことができる．

$$\hat{\lambda}(u)=\frac{1}{q(u)}\sum_{i=1}^{N}\frac{1}{h^2}\kappa\!\left(\frac{x_i-u}{h}\right)$$

ここで，$\kappa((x_i-u)/h)$ はカーネル関数，h はバンド幅（帯域幅，bandwidth），

(a) ガウス関数	(b) イパネクニコフ関数	(c) 四次関数

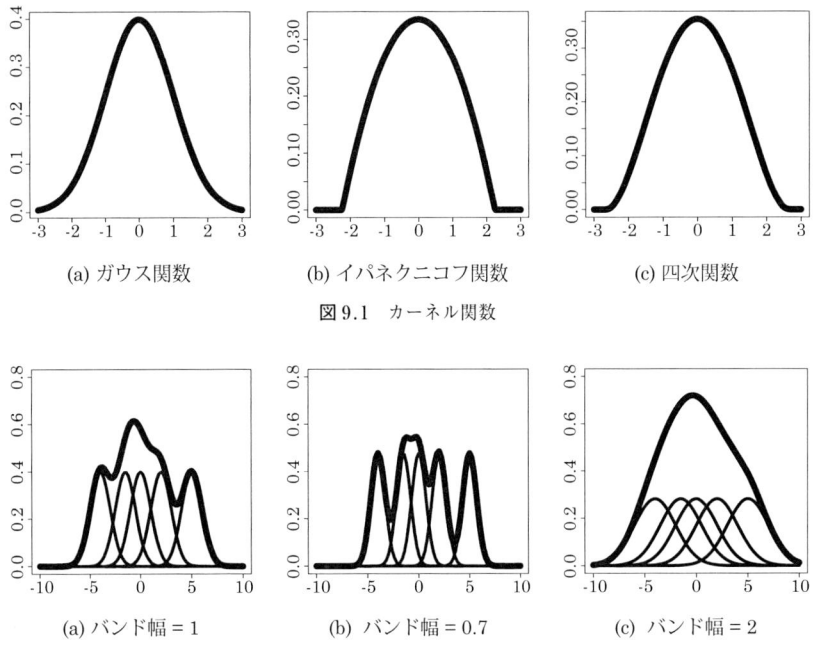

図 9.1 カーネル関数

(a) バンド幅 = 1	(b) バンド幅 = 0.7	(c) バンド幅 = 2

図 9.2 バンド幅を変化させた場合のカーネル密度（ガウス関数）の変化

$q(u)$ は境界修正を意味する．

代表的なカーネル関数として，ガウス関数（正規分布），イパネクニコフ関数，四次関数（biweight 関数，quartic 関数）が挙げられる（図 9.1）．

(a) ガウス関数 $\quad \kappa(u) = \dfrac{1}{\sqrt{2\pi}} \exp\left(-\dfrac{u^2}{2}\right)$

(b) イパネクニコフ関数 $\quad \kappa(u) = \dfrac{3}{4}(1-u^2) \cdot \mathbf{1}_{\{|u| \leq 1\}}$

(c) 四次関数 $\quad \kappa(u) = \dfrac{3}{\pi}(1-u^2) \cdot \mathbf{1}_{\{|u| \leq 1\}}$

図 9.2 ではカーネル関数にガウス関数（正規分布，図中に細い曲線で図示）を用い，バンド幅を変化させた場合に，正規分布の合成関数としてのカーネル密度関数（太い曲線）を示しているが，バンド幅の設定によって点密度が異なることがわかる．図 9.3 は，カーネル関数に四次関数を使って二次元空間での

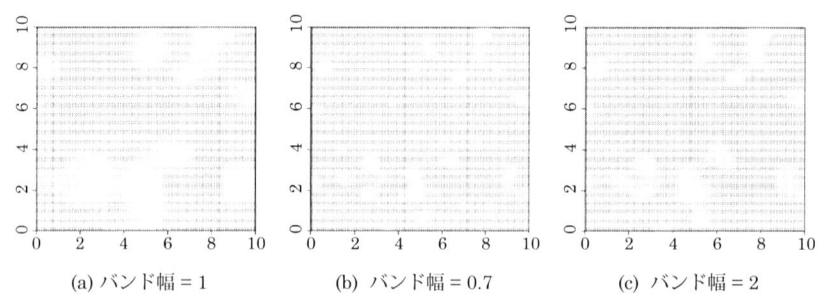

(a) バンド幅 = 1　　　　(b) バンド幅 = 0.7　　　　(c) バンド幅 = 2

図 9.3　バンド幅を変化させた場合のカーネル密度（四次関数）の変化

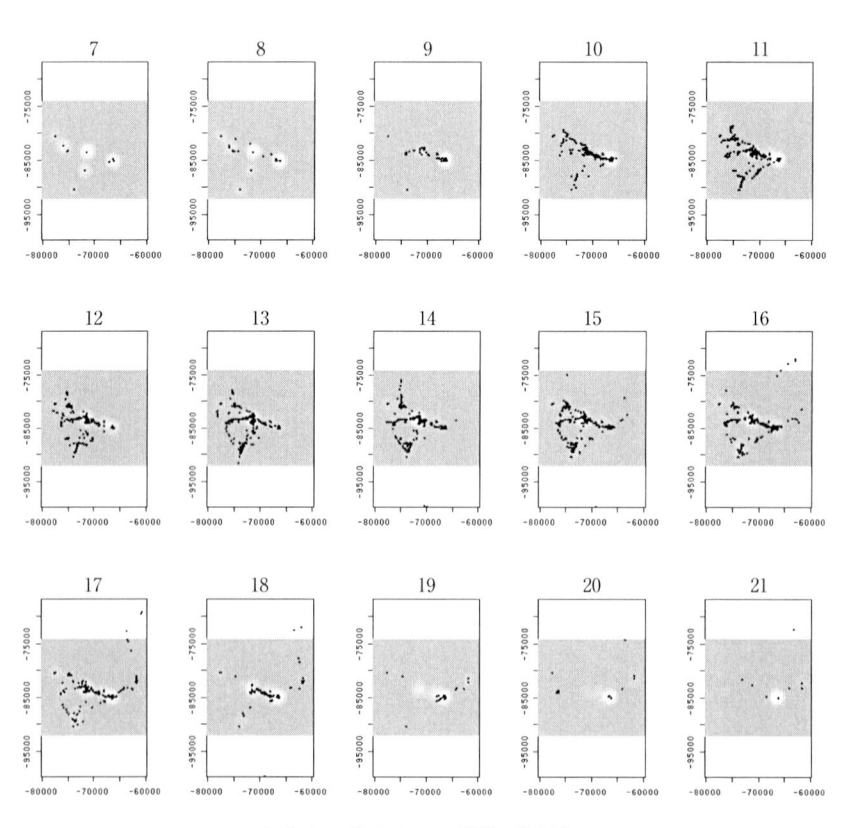

図 9.4　三次元カーネル密度の推定例

点密度を可視化した例を示している．

カーネル密度関数は，二次元空間だけでなく，時間軸を含む三次元空間でも可視化できる．図9.4は，GPSをもって移動した人々の地点を，7～21時まで1時間ごとに集約して点密度として可視化した結果を示した例である．

図9.2や図9.3に示されているように，カーネル密度の推定にはバンド幅の決定が重要な要素となる．バンド幅の決定には，様々な方法が提案されている．

例えば，データ数 N と標準偏差 σ または四分位範囲 IQR の小さい方 $\min\{\sigma, IQR/1.34\}$ を用いて，以下の定数を経験的に与える方法が提案されている[1]．

$$h = 1.06 \cdot \min\left\{\sigma, \frac{IQR}{1.34}\right\} \cdot N^{-0.2}$$

ガウス関数を用いる場合にはその標準偏差を用いることもある．

イパネクニコフ関数は，$\tilde{\lambda}(u)$ の平均二乗誤差の積分を最小にするカーネル関数であることが知られている．最適なバンド幅を与える方法として，次のような手法が提案されている．平均二乗誤差（mean square error）を最小にする方法では，$\tilde{\lambda}(u)$ の平均最小二乗誤差の積分を考え，積分値を最小にするようにバンド幅を決定する．図9.5には，バンド幅に応じた最小二乗誤差の計算例を示す．図中の○印は平均二乗誤差が最小となるバンド幅を意味する．

マーク付き点過程を用いる場合には，交差検証対数尤度関数（cross-

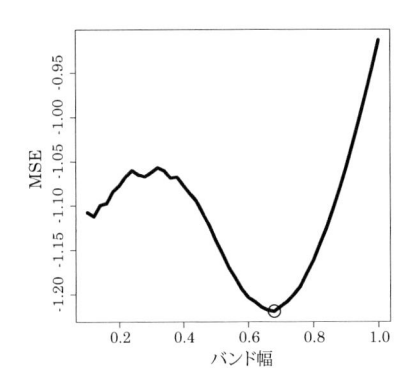

図9.5 平均最小二乗誤差法での
バンド幅計算例

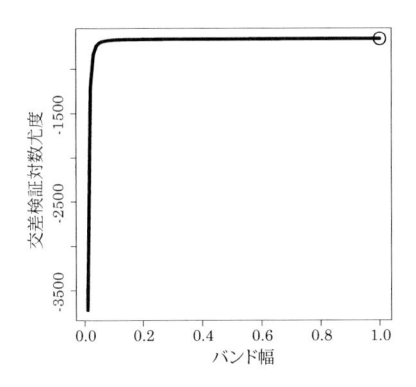

図9.6 交差検証対数尤度関数での
バンド幅計算例

validated log-likelihood function）を用いて尤度関数を最大にするバンド幅を求める方法が提案されている．図9.6にはバンド幅に応じた対数尤度の計算例を示す．図中の○印は，交差検証対数尤度が最大となるバンド幅を意味する．

9.2　逆距離加重法

ここでは例えば，大気環境測定局で観測された大気汚染物質の濃度，ボーリング調査地点で収集された希少金属や温泉の深さなどといったデータを分析することを考えよう．

連続空間上の地点 $s_i (i=1, 2, ..., N)$ で，$Z(s_i)$ というデータが観測されたとする．このとき，観測されなかった地点（測定地点がない場所）u_0 での属性値 $Z(u_0)$ を与えたいとき，地点 u_0 と観測地点との距離による重み付け平均を用いて与えることができる．

$$Z(u_0) = \frac{\sum_{i=1}^{N} w(s_i) Z(s_i)}{\sum_{i=1}^{N} w(s_i)}$$

$$w(s_i) = \|u_0 - s_i\|^{-p}$$

ここで $w(s_i)$ は地点 u_0 と地点 s_i との距離関数を意味する．また p は正数である．

この方法は，距離の逆数乗を重みとして用いるという意味で，逆距離加重法と呼ばれる．逆距離加重法を用いる場合，①距離関数 $w(s_i)$ を決定し，②値を得たい地点からどの範囲の観測地点のデータを用いて値を得たいか（検索半径）を指定し，③検索半径内の観測データを用いて対象地点 u_0 の属性値を与える，という順番で予測する．

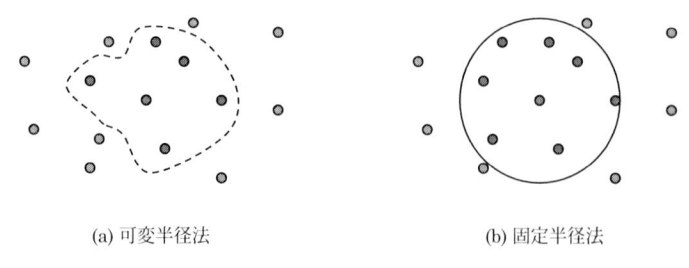

(a) 可変半径法　　　　(b) 固定半径法

図9.7　近隣地点の検索範囲を指定する方法

9.2 逆距離加重法

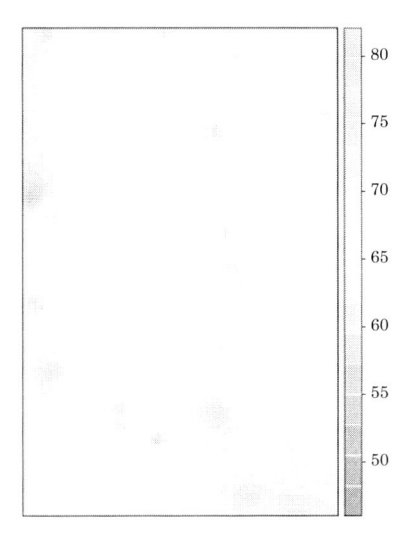

図 9.8 逆距離加重法による空間補間

検索範囲を指定する方法は二通りある（図 9.7）．**可変半径法**（最近隣法）では，対象地点から最も近い観測地点を指定された地点の数だけ検索し，それらの観測地点の属性値を用いて値を与える．**固定半径法**（固定検索半径法）では，対象地点を中心として，指定された半径内に入る地点を検索し，それらの値を利用して値を与える．

逆距離加重法により，首都圏（一都三県）における SPM（浮遊粒子状物質）の測定局データを空間補間した例を図 9.8 に示す．

R 分析例

首都圏の SPM に関する測定局ポイントデータ（tma_spm.shp）を使って，逆距離加重法による空間補間を適用してみよう．ここでは，spdep パッケージを使ってポイントデータを読み込んだあと，gstat パッケージの idw() 関数を用いて逆距離加重法を適用する例を示す．

```
# パッケージの呼び出し
library(spdep)
library(gstat)
# 測定局ポイントデータの読み込み
spm.shp <- readShapePoints("tma_spm.shp")
# 分析に必要な属性データを選びデータフレームに変換
```

```
spm <- cbind(spm.shp$ID, spm.shp$X, spm.shp$Y, spm.shp$SPM07)
colnames(spm) <- c("ID", "X", "Y", "SPM07")
spm <- as.data.frame(spm)
# 空間補間を行うメッシュデータの読み込み
mesh.grid <- read.table("mesh.csv", sep = ",", header = TRUE)
# メッシュデータの位置座標を指定
coordinates(mesh.grid) <- c("X", "Y")
# メッシュデータに変換
mesh.grid <- as(mesh.grid, "SpatialPixelsDataFrame")
# 逆距離加重法を適用
spm.idw1 <- idw(SPM07*1000~1, locations =~X + Y,
data = spm, mesh.grid, idp = 2)
# 結果を表示
spplot(spm.idw1 ["var1.pred"])
```

9.3　バリオグラム

9.3.1　バリオグラムのモデル化

いま，連続的な空間で，方向性によって特徴が異なることがない観測データを分析することを考えよう．観測された地点 s_i における観測データ $Z(s_i)$ が，独立した k 個の変数 $X_k(s_i)$ を用いて説明できるとする．例えば，観測データが騒音である場合，近隣の幹線道路交通量，工場や大規模小売店舗などからの距離が要因として考えられるが，これらの要因を説明変数にして騒音測定値を説明するモデルを考えるとよい．このとき，観測データ $Z(s)$ が次式のような線形回帰モデルを用いた傾向面で表されると考える．

$$Z(s) = \sum_{k=1}^{m} X_k(s)\beta_k + \varepsilon(s)$$

$$\varepsilon(s) \sim N(0, \sigma^2)$$

ただし β_k は回帰係数，$\varepsilon(s)$ は互いに独立で同一の正規分布に従う誤差項，σ^2 は誤差項の分散を意味する．説明変数 $X_k(s)$ の設定により，様々なモデルを推定できる．例えば $X_k(s) \equiv 1$ のとき，定数項のみのモデルとなる．説明変数に緯度経度を設定することもできる．

観測地点 s_i, s_j 間の距離を $h_{ij} = \|s_i - s_j\|$ としたとき，$Z(s_i)$ と $Z(s_j)$ の共分散 γ

を h_{ij} の関数で表すことを考える.

$$2\gamma(h_{ij}) = \text{Cov}\{Z(s_i), Z(s_j)\}$$

ここから，**セミバリオグラム**を次のように定義する．セミバリオグラム（semivariogram）と呼ばれる理由は，共分散であるバリオグラム $2\gamma(h_{ij})$ を 2 で割った値を用いていることによる．

$$\gamma(h_{ij}) = \frac{1}{2} E\left[(Z(s_i) - Z(s_j))^2\right]$$

$$= \frac{1}{2} E\left[(Z(s_i) - Z(s_i + h_{ij}))^2\right]$$

さらに，地点 s_i から距離 h だけ離れた地点との関係を，次式のように表す．

$$\gamma_i(h) = \frac{1}{2} E\left[(Z(s_i) - Z(s_i + h))^2\right]$$

標本対すべてのバリオグラムと地点間の距離との関係を示したものを**バリオグラム雲**（variogram cloud）という．バリオグラム雲は，図 9.9 に示されるように，観測データの分布や観測値の非類似性を理解する上で有益である．

地点間の距離 h に対して階級区分 $\tilde{h}$ ごとに細分化し，バリオグラムの平均値をとった値 $\gamma^*(\tilde{h})$ を，**標本バリオグラム**（sample variogram）または経験バリオグラム（empirical variogram）という．地点間の距離が h となる組み合わせの個数を N_h とすると，標本バリオグラムは，以下のように表すことができる．

$$\gamma^*(\tilde{h}) = \frac{1}{2N_h} \sum_{i=1}^{N_h} \gamma_i(h)$$

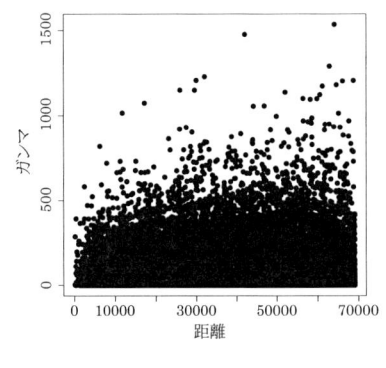

図 9.9　バリオグラム雲

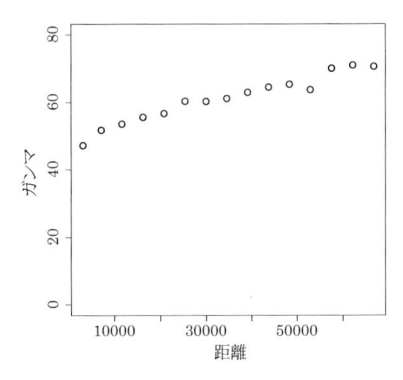

図 9.10　標本バリオグラム

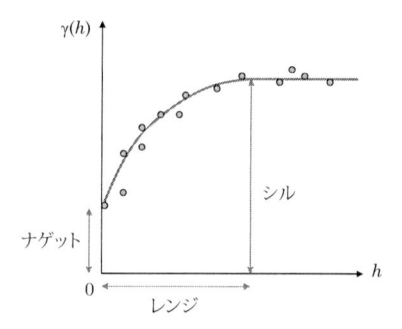

図 9.11　バリオグラムモデルのシル・レンジ・ナゲット

標本バリオグラムは図 9.10 に示したようになるが，標本バリオグラムに理論モデルをあてはめたものを**理論バリオグラム**（theoretical variogram）という．

地点 s_i の属性 $Z(s_i)$ と，s_i に対して距離 h だけ離れた地点 s_i+h の属性 $Z(s_i+h)$ との差分を考えたとき，次式の**セミバリアンス** $\hat{\gamma}(h)$ と距離 h との関係を表したものがセミバリオグラムであると考えることもできる．

$$\hat{\gamma}(h)=\frac{1}{2N_h}\sum_{i=1}^{N_h}(Z(s_i+h)-Z(s_i))^2$$

教科書によっては，セミバリアンスが標本バリオグラムとして紹介されていることがある[*1]．

一般的に，理論バリオグラムは図 9.11 のような形状をしている．$h=0$ のときのバリオグラム $\gamma(h)$（つまり定数）を**ナゲット**（nugget），$\lim_{h\to\infty}\gamma(h)$ となるときの $\gamma(h)$ を**シル**（sill）という．シルはデータ全体の分散も意味する．また，バリオグラムが定常状態になる距離，すなわち空間的自己相関がなくなる距離 h を**レンジ**（range）という．

シルはレンジに対するバリオグラムであるが，実際のデータ分析においてレンジがシルと一致することはまれなため，バリオグラムの値がシルに近づいたときの適当な値をレンジとして選択する．空間的自己相関構造がなければレンジ値を得ることはできない．

[*1] セミバリアンスとセミバリオグラムの適用については，しばしば混同されるほか，用語を統一すべきなどの意見もある．

$h=0$ のとき,つまり非常に近い地点で観測されたデータであっても,観測値が一定のばらつきをもつことがあり,それがナゲットのような定数として表現されているが,このような現象を**ナゲット効果**(nugget effect)という.同じ石の塊($h\approx 0$ とみなすことができる)から採取されたダイヤモンドや金であっても,品質が異なる可能性があることを考えれば,ナゲット効果の意味が理解できるだろう.

代表的なバリオグラムモデルとして,(1)指数モデル,(2)球形モデル,(3)線形モデル,(4)ガウスモデル,(5)ナゲット効果モデル,(6) Matern モデルなどが提案されている.バリオグラムモデルを推定する方法としては,①分析する人がバリオグラムを見て(見た目で)モデルの変数を設定,②通常最小二乗法や重み付き最小二乗法による推定,③最尤法や制限付き最尤推定法による推定,④ベイズ法による推定などの方法がある[2].

(1) 指数モデル
$$\gamma^*(h) = b\exp\left(-\frac{|h|}{a}\right) \qquad (a, b > 0)$$

(2) 球形モデル
$$\gamma^*(h) = \begin{cases} b\left(1 - \frac{3}{2}\cdot\frac{|h|}{a} + \frac{1}{2}\cdot\frac{|h|^3}{a^3}\right) & (a \geq |h| > 0) \\ b+a & (|h| > a) \\ 0 & (|h| = 0) \end{cases}$$

(3) 線形モデル
$$\gamma^*(h) = \begin{cases} b + a|h| & (|h| > 0, a \geq 0) \\ 0 & (|h| = 0) \end{cases}$$

(4) ガウスモデル
$$\gamma^*(h) = \begin{cases} b - c\cdot\exp\left(-\frac{|h|^2}{a^2}\right) & (|h| > 0, a > 0) \\ 0 & (|h| = 0) \end{cases}$$

(5) ナゲット効果モデル
$$\gamma^*(h) = \begin{cases} b & (|h| > 0, b \geq 0) \\ 0 & (|h| = 0) \end{cases}$$

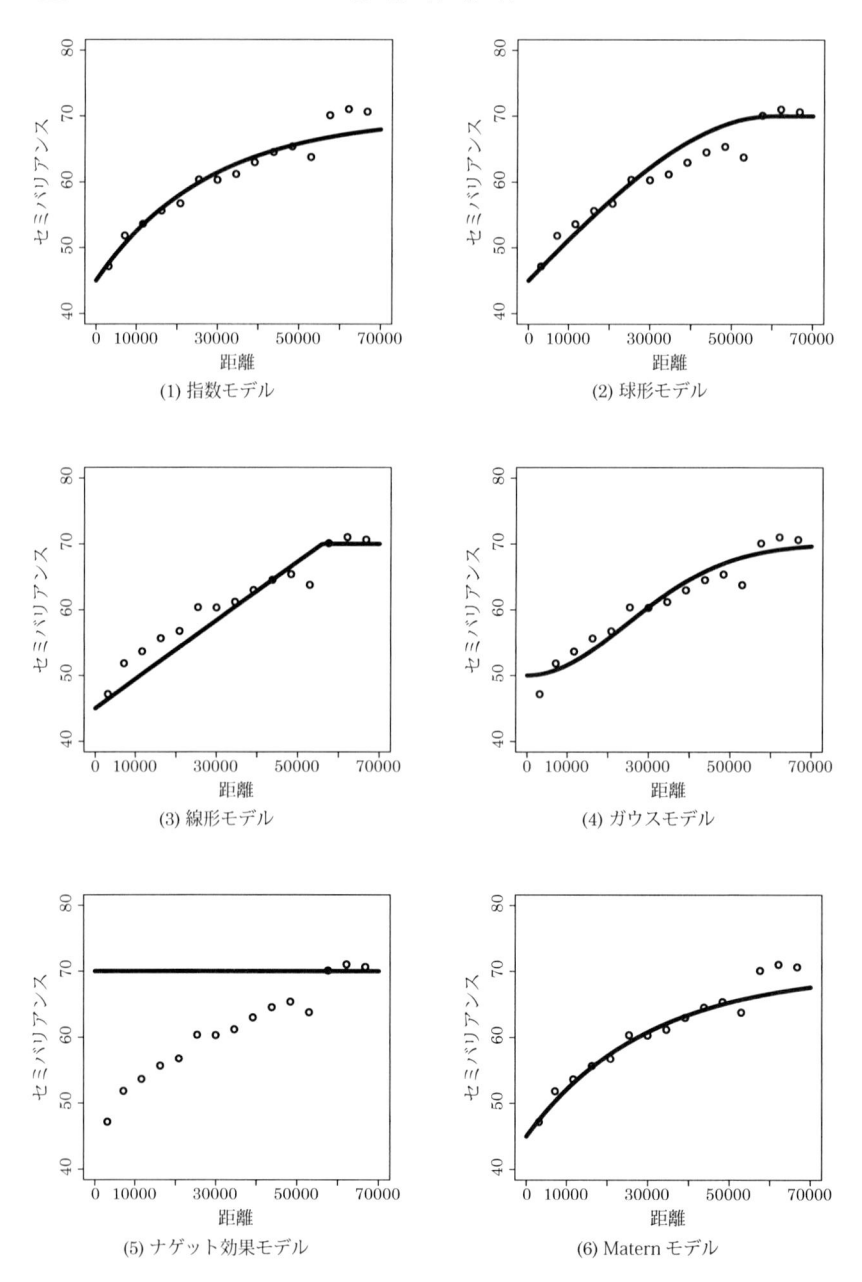

図 9.12 バリオグラムモデル

9.3 バリオグラム

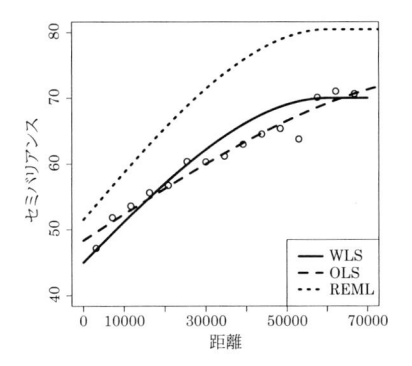

図9.13 推定法によるバリオグラムモデルの違い

(6) Matern モデル

$$\gamma^*(h) = \begin{cases} b + c\left(1 - \dfrac{1}{2^{v-1}}\Gamma(v)\left(\dfrac{|h|}{a}\right)^v K_v\left(\dfrac{|h|}{a}\right)\right) & (|h|>0, a>0) \\ 0 & (|h|=0) \end{cases}$$

ただし K_v は修正 Bessel 関数である．

この6つのバリオグラムモデルの推定例を，図9.12に示す．図中の○は標本バリオグラムである．ここでは，これらのバリオグラムモデルを計算する際に，緯度経度による傾向面を説明変数としたモデルを採用している．

このうち，バリオグラムモデルに球形モデルを選び，(N_j/h_j^2 で重み付けした) 重み付け最小二乗法 (WLS)，通常最小二乗法 (OLS)，制限付き最尤法 (REML) を用いてナゲット，シル，レンジの各パラメータを推定した結果を，図9.13に示す．図中の○は標本バリオグラムである．

R 分析例

9.2節の分析例で用いたデータを使って，バリオグラムモデルを求めよう．すでに gstat パッケージが呼び出され，データ spm が読み込まれているものとする．

```
# 緯度経度の指定
coordinates(spm) <- c("X", "Y")
# 緯度経度によるトレンドを説明変数とするバリオグラム
spm.var1 <- variogram(SPM07*1000~X + Y, data = spm)
# バリオグラムの表示
```

```
plot(spm.var1)
# バリオグラム雲の表示
plot(variogram(SPM07*1000~X + Y, data = spm, cloud = TRUE))
# バリオグラムモデル（指数モデル）
spm.model1 <- vgm(psill = 25, model ="Exp", range = 28000,
nugget = 45)
plot(spm.var1, spm.model1, cex = 1.5, lwd = 4)
# バリオグラムモデル（球形モデル）
spm.model2 <- vgm(psill = 25, model ="Sph", range = 60000,
nugget = 45)
spm.fit <- fit.variogram(spm.var1, spm.model2)
plot(spm.var1, spm.model2, cex = 1.5, lwd = 4)
# 異なる方法でのバリオグラムモデルのあてはめ（球形モデル）
# 重み付け最小二乗法（WLS）
fit.variogram(spm.var1, spm.model2, fit.method = 7)
# 通常最小二乗法（OLS）
fit.variogram(spm.var1, spm.model2, fit.method = 6)
# 制限付き最尤法（REML）
fit.variogram.reml(SPM07*1000~X + Y, data = spm,
model = vgm(25, "Sph", 60000, 45))
```

```
> fit.variogram(spm.var1, spm.model2, fit.method=7)
  model    psill     range
1   Nug 46.22705      0.00
2   Sph 19.98820  52101.86
> fit.variogram(spm.var1, spm.model2, fit.method=6)
  model    psill     range
1   Nug 48.34058      0.00
2   Sph 25.15494  93784.44
> fit.variogram.reml(SPM07*1000~X+Y,data=spm, model=vgm(25, "Sph", 60000, 45))
  model    psill range
1   Nug 51.51024     0
2   Sph 28.94858 60000
```

　異なる方法でバリオグラムモデルをあてはめた結果は，以下のようになる．

　重み付け最小二乗法の推定結果を見ると，psill の列で Nug＝46.22705，Sph＝19.98820 となっている．これは，ナゲットが 46.22705 であり，シルは 46.22705＋19.98820＝66.21525 であることを意味している．またレンジは 52101.86 となっている．

9.3.2 異方性

実際のデータを用いてバリオグラムを推定するとき，方向によってバリオグラムが異なった特徴を示すことがある．このことを**異方性**（anisotropy）という．異方性を考慮したバリオグラムモデルを推定するために，①（北から見た）主軸の方位角（angle），②主軸（方位角）に対する許容範囲（tolerance），③バンド幅（bandwidth），④主軸の拡大率（ratio）などの変数を設定する[3]（図9.14）．

方向別にセミバリオグラムのシルが変化せず，レンジが変化するような場合

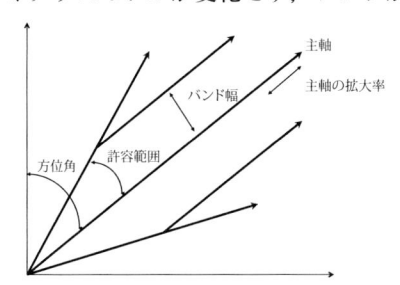

図9.14 異方性バリオグラムモデルで設定する変数

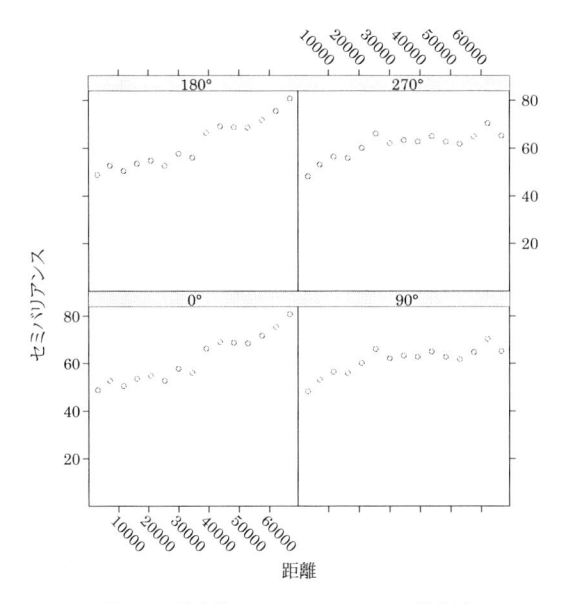

図9.15 異方性バリオグラムモデルの推定例

を**幾何学的異方性**（geometric anisotropy）といい，方向別にシルが変化する場合を**帯状異方性**（zonal anisotropy）という．90°ごとに異方性を考慮したバリオグラムの推定例を図 9.15 に示す．

9.4 クリギング

9.4.1 クリギングの考え方

観測された地点データから傾向面をつくり出すのに，バリオグラムモデルを用いて空間補間する方法を**クリギング**という．クリギングにより空間補間を行う場合，予測手法には大きく二つの考え方がある[4]（図 9.16）．

一つは，観測データ $Z(s_i)$ が与えられたときに，観測されない地点 u_0 での属性値 $Z^*(u_0)$ をピンポイントで予測する方法である．**通常型クリギング**（ordinary kriging），**単純型クリギング**（simple kriging），**普遍型クリギング**（universal kriging）などの手法がこの方法に含まれる．二つ目は，ある領域内での平均的な属性値を予測する方法である．この方法は**ブロッククリギング**（block kriging）と呼ばれる．予測する領域は，矩形だけでなく任意のポリゴンなどを指定することができる．

代表的なクリギング法に，通常型クリギングが挙げられる．通常型クリギングでは，地点 u_0 での属性値 $Z^*(u_0)$ を予測するときに，観測されたデータ $Z(s_i)$ と重み係数 w_i を用いて，重み付け平均として予測する．

$$Z^*(u_0) = \sum_{i=1}^{N} w_i Z(s_i)$$

$$\sum_{i=1}^{N} w_i = 1$$

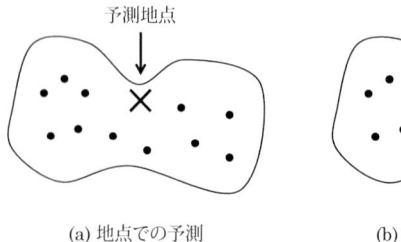

(a) 地点での予測　　　　(b) ブロッククリギング

図 9.16 クリギング補間による予測手法

このとき，次式で表される予測誤差 $\varepsilon(u_0)$ を最小にするような重み係数の組み合わせを計算することが要求される．

$$\varepsilon(u_0) = Z^*(u_0) - \sum_{i=1}^{N} w_i Z(s_i)$$

このことは，平均二乗予測誤差 $\sigma^2(u_0)$ を最小にすることにほかならない．平均二乗誤差を計算すると，次式が得られる．

$$\sigma^2(u_0) = -\sum_{i=1}^{N}\sum_{j=1}^{N} w_i w_j \gamma(h_{ij}) + 2\sum_{i=1}^{N} w_i \gamma(h_{i,u_0})$$

ここで，$\gamma(h_{ij})$ および $\gamma(h_{i,u_0})$ はバリオグラムである．つまり通常型クリギングでは，バリオグラムを用いて重み付け係数を求めていることになる．

バリオグラムモデルが得られているときには，観測地点どうしのバリオグラム $\gamma(h_{ij})$ だけでなく，予測地点とのバリオグラム $\gamma(h_{i,u_0})$ も既知である．したがって，平均二乗誤差を最小にするような重み付け係数の組み合わせは，ラグランジュ乗数 λ を用いて求めることができる．

単純にするために，3つの観測地点 ($i=1,2,3$) から地点 u_0 の値を予測することを考えると，重み付け係数とラグランジュ乗数を未知変数とする目的関数 $f(w_1, w_2, w_3, \lambda)$ は次式のようになる．

$$f(w_1, w_2, w_3, \lambda) = -\sum_{i=1}^{3}\sum_{j=1}^{3} w_i w_j \gamma(h_{ij}) + 2\sum_{i=1}^{3} w_i \gamma(h_{i,u_0}) - 2\lambda \left(\sum_{i=1}^{3} w_i - 1 \right)$$

この式を，重み付け係数とラグランジュ乗数について偏微分することにより，以下のような連立方程式が得られる．この連立方程式を解くことにより，重み付け係数とラグランジュ乗数を求めることができる．

$$\begin{bmatrix} \gamma(h_{11}) & \gamma(h_{12}) & \gamma(h_{13}) & 1 \\ \gamma(h_{21}) & \gamma(h_{22}) & \gamma(h_{23}) & 1 \\ \gamma(h_{31}) & \gamma(h_{32}) & \gamma(h_{33}) & 1 \\ 1 & 1 & 1 & 0 \end{bmatrix} \begin{bmatrix} w_1 \\ w_2 \\ w_3 \\ \lambda \end{bmatrix} = \begin{bmatrix} \gamma(h_{1u_0}) \\ \gamma(h_{2u_0}) \\ \gamma(h_{3u_0}) \\ 0 \end{bmatrix}$$

9.4.2　通常型・単純型・普遍型クリギング

前項で紹介した通常型クリギングを基本として，いくつかの重要なクリギング補間法を導くことができる．9.3.1項でバリオグラムモデルを紹介した際に，観測データが次式のような傾向面で予測されることを述べた．

$$Z(s) = \sum_{k=1}^{m} X_k(s)\beta_k + \varepsilon(s)$$

この性質を用いれば,未知パラメータ β_k に関する不偏推定量 $\hat{\beta}_k$ が得られたとき,地点 u_0 での不偏推定量 $\hat{Z}(u_0)$ は次式のように表すことができる.

$$\hat{Z}(u_0) = \sum_{k=1}^{m} X_k(u_0)\hat{\beta}_k + \varepsilon(u_0)$$

$\hat{Z}(u_0)$ と $Z^*(u_0)$ の普遍性を確保すると,

$$E[\hat{Z}(u_0) - Z^*(u_0)] = 0$$

となる.すると,次の二式を得ることができる.

$$\sum_{k=1}^{m} X_k(u_0)\hat{\beta}_k - \sum_{i=1}^{N} w_i Z(s_i) = 0$$

$$\sum_{k=1}^{m} \hat{\beta}_k \left(x(u_0) - \sum_{i=1}^{N} w_i x(s_i) \right) = 0$$

ここで,$\hat{\beta}_k \neq 0$ であることから,次式で表される普遍性条件が得られる.

$$x(u_0) - \sum_{i=1}^{N} w_i x(s_i) = 0$$

このモデルについて,平均二乗予測誤差 $\sigma^2(u_0)$ を最小にするような重み付け係数の組み合わせを求めることにより,普遍型クリギングの推定結果が得られ

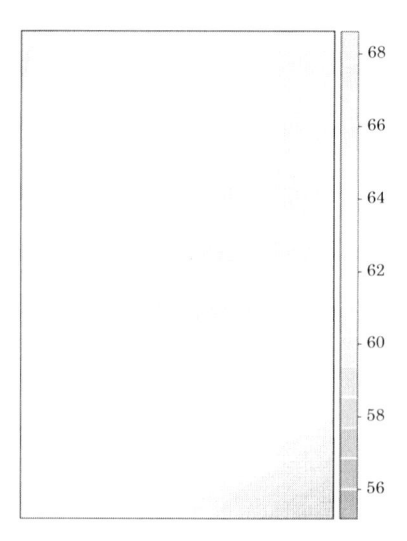

図9.17 普遍型クリギングによる空間補間

る．図9.17に，普遍型クリギングを用いた空間補間の例を示す．

ちなみに，$m=1$ かつ $x_1(u_0)\equiv 1$ としたとき，通常型クリギングとなる．

さらに，何らかの理由で不偏推定量 $\hat{\beta}_k$ が既知であるとき，これを用いて得られる予測結果が単純型クリギングとなる．

予測対象となる観測データに対して，すべての観測地点で相関のあるほかの観測データが得られているとする．このとき，相関のある観測データを説明変数として予測対象となるデータを予測する方法を，コクリギング（共クリギング・共変量クリギング，cokriging）という．

クリギングを用いた予測には様々な仮定を置いているため，予測誤差が実際の推定誤差と乖離する場合も生じる．そこで，モデルの適合度を検証するために，交差検証により実際の推定誤差とモデルによる予測誤差の大きさを比較する方法なども用いられている．

R 分析例

9.2節および9.3節の分析例に示した手順により，バリオグラムモデルがすでに得られているとする．このとき，gstatパッケージのgstat()関数を用いてクリギング補間に必要な情報を定義し，predict()関数によりクリギング補間を適用する．ここでは，バリオグラムモデルとして指数モデル（9.3節分析例のspm.model1）を用い，普遍クリギングを適用している．

```
# クリギング補間に必要な情報を定義
spm.gu <- gstat(id ="ID", formula = SPM07*1000~X + Y, data = spm,
model = spm.model1)
# クリギング補間（普遍型クリギング）
spm.pu <- predict(spm.gu, mesh.grid)
# 結果の表示
spplot(spm.pu[1])
```

9.4.3 ベイジアンクリギング

これまで紹介した方法では，まずバリオグラムモデルを平均最小二乗誤差法により推定し，その次にバリオグラムを用いてラグランジュ乗数法によりクリギング補間を行うという手順であった．そのためクリギング補間を行う際には，バリオグラムのもつ不確実性を無視して，バリオグラムモデルのパラメー

タが既知であることが前提となっていた．

　近年，ベイズ推定法を用いて，バリオグラムモデルのパラメータが未知である場合でも，バリオグラムモデルの不確実性を考慮してクリギング補間を行う**ベイジアンクリギング**（Bayesian kriging）が提案されている．ベイズ推定法を用いれば，モデル推定上の仮定を緩和して柔軟なモデリングを行うことが期待できる．ベイジアンクリギングは，これまで教科書などであまり紹介されることがなかったが，有効な手法の一つと考えられるため，ここで取り上げておきたい．

　クリギング補間を行う上で未知パラメータとなっている主要な変数は，観測データの傾向面を表す線形回帰モデルの回帰係数 β，バリオグラムモデルのシル $b\,(\sigma^2)$，レンジ $a\,(\phi)$，ナゲット $c\,(\tau^2)$ である．バリオグラムモデルに Matern モデルを採用する際には，その円滑化要素 v も含まれる．

　観測地点データ $Z(s)$ が得られたとき，$\theta=\{\beta,a,b,c\}$ に関する事前情報を与えると，地点 u_0 での予測値 $Z(u_0)$ の事後情報は，次式で与えられる．

$$p(Z(u_0)|Z(s))=\int_{\theta\in\Theta}p(Z(u_0)|\theta,Z(s))p(\theta|Z(s))d\theta$$

したがって，ベイズの定理より θ は以下のようにして得られる．

$$p(\theta|Z(s))=\frac{p(Z(u_0)|\theta,Z(s))p(\theta|Z(s))}{\int_{\theta\in\Theta}p(Z(u_0)|\theta,Z(s))p(\theta|Z(s))d\theta}$$

このことから，θ に関する事前情報を与え，マルコフ連鎖モンテカルロ法を用いて事後情報をベイズ推定することにより，未知パラメータを計算することができる．

　ところで，クリギングモデルの側から未知パラメータのベイズ推定を考えてみると，以下のようなことがわかる．

　いま，観測地点データ $Z(s)$ が与えられたとき，予測地点 u_0 での予測値 $Z(u_0)$ の事後分布が独立な正規分布に従うとする．潜在的な空間過程に関する変数 $T_k(u_0)$ を導入することにより，次式のような関係が得られる．

$$Z(u_0)|Z(s)\sim N\Big(\sum_{k=1}^{m}X_k(u_0)\beta_k+\sum_{k=1}^{m}\sigma_k T_k(u_0),\tau^2\Big)$$

するとこのとき，クリギングモデルは以下のような線形混合モデルとして表

すことができる．

$$Z(u_0) = \sum_{k=1}^{m} X_k(u_0)\beta_k + \sum_{k=1}^{m} \sigma_k T_k(u_0) + \varepsilon(u_0)$$

$$T_k(u_0) \sim N(0, \mathrm{Cor}_k(\phi_k))$$

$$\varepsilon(u_0) \sim N(0, \tau^2 \boldsymbol{I})$$

ただし，$\sum_{k=1}^{m}\sigma_k T_k(u_0)$ は平均 0，分散 σ^2 のガウス定常過程，$\mathrm{Cor}_k(\phi_k)$ は適当なパラメータ ϕ_k で表される地点間の相関行列である．

得られた未知パラメータのうち σ^2，τ^2，ϕ は，それぞれバリオグラムモデルの未知パラメータのシル，ナゲット，レンジに対応することが知られている[5]．

参　考　文　献

1) Silverman, B. W. (1986), *Density Estimation*, Chapman & Hall.
2) Diggle, P. J. and P. J. Ribeiro Jr. (2007), *Model-based Geostatistics*, Springer-Verlag.
3) 小山修平・橘　淳治訳 (2003)，『GIS の応用―地域系・生物系環境科学へのアプローチ』，森北出版．(原著：Johnston, C. A. (1998), *Geographic Information Systems in Ecology*, Blackwell.)
4) 地球統計学研究委員会訳編・青木謙治監訳 (2003)，『地球統計学』，森北出版．(原著：Wackernagel, H. (1995), *Multivariate Geostatistics*, Springer-Verlag.)
5) Cressie, N. (1993), *Statistics for Spatial Data*, Wiley-Interscience.

10 空間計量経済モデル

　本章では,ポイントオブジェクトやポリゴンオブジェクトを用いた空間計量経済モデルを取り上げる.第5章で紹介したように,空間データの属性値は空間的な自己相関をもつ場合がある.本章では,変数や誤差項に関する空間的な自己相関や系列相関を明示的に取り入れた回帰モデル群を扱う.具体的には,**同時自己回帰モデル**,**条件付き自己回帰モデル**,**空間的自己回帰モデル**,**誤差項の空間的自己回帰モデル**,**空間ダービンモデル**などが挙げられる.また地区(地点)間の異質性を表現したモデルに,**地理的加重回帰モデル**がある.これらのモデルを紹介するほか,**一般化回帰モデル**の**一般化線形モデル**や**一般化加法モデル**,**マルチレベルモデル**を用いた地理的特性の表現方法や,空間計量経済モデルのベイズ推定についても扱う.

　空間計量経済モデルは,空間疫学分野では標準化死亡比などの分析,都市経済学分野では地価などの不動産市場の空間分析,計量政治学分野では選挙行動の空間分析,生態学分野では生物の個体群・群集の分析などに用いられている.

　空間計量経済学全般を学習する上で参考となるのは,文献[1-3]などである.地理的加重回帰モデルに焦点を当てたものには,文献[4]などがある.また文献[5]は,ベイズ空間計量経済学について紹介している[*1].

10.1　回帰モデルと空間的自己相関

10.1.1　最小二乗法による回帰モデルの推定

　空間データを用いて,回帰モデルを推定するときに,どのような点に留意す

[*1] なお,本章で示しているベイズ空間計量経済モデルの推定手順については,筆者のホームページ(http://web.sfc.keio.ac.jp/~maunz/wiki/)記載のコードを参照されたい.

べきだろうか．ここでは，具体的に関東圏（一都五県）の市区町村別地価データ（住宅地標準地価の平均価格，万円/m^2），夜間人口密度（千人/m^2），第三次産業従業人口密度（千人/m^2）などのデータを用いて，住宅地地価を予測する回帰モデルを例に挙げて説明しよう．このうち，地価データの分布を図10.1に示す．

地区（市区町村）$i(=1,2,...,N)$ の地価 y_i，夜間人口密度 x_{1i}，第三次産業従業人口密度 x_{2i} データを用いて，次式のように線形回帰モデルを定式化する．

$$y_i = \beta_0 + \beta_1 x_{1i} + \beta_2 x_{2i} + \varepsilon_i$$

$$\varepsilon_i \sim N(0, \sigma^2)$$

ここで β_0, β_1, β_2 は回帰係数，σ^2 は誤差項 ε の分散を意味する．

より一般的に，次式のように書くことにする．

$$y = X\beta + \varepsilon$$

$$\varepsilon \sim N(0, \Sigma)$$

ここで，y は被説明変数ベクトル，X は説明変数行列，β は回帰係数ベクトル，$\Sigma = \sigma^2 I$（I は $N \times N$ 単位行列）である．

通常の最小二乗法（OLS）を用いて回帰モデルを推定した結果は，表10.1のようになる．また，通常最小二乗法による地価モデルについて，誤差項の空間分布を示すと図10.2のようになる．

R 分析例

spdep パッケージを呼び出し，地価データを属性にもつ関東地方のポリゴ

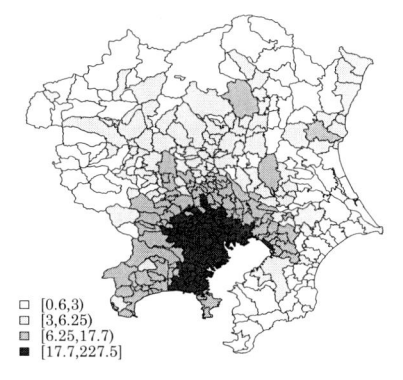

図10.1 市区町村別地価データ分布

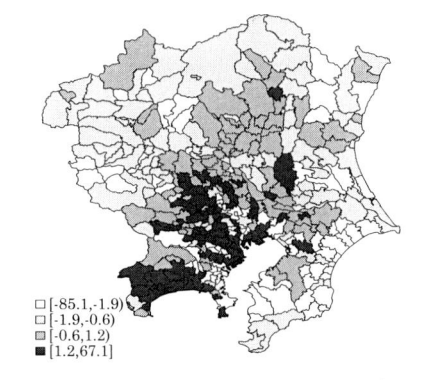

図10.2 地価モデル（OLS）の誤差項分布

表 10.1　線形回帰モデルの推定結果（最小二乗法）

変数	回帰係数	t 値
定数項	2.55	4.50
夜間人口密度（POPD）	1.68	15.85
第三次産業従業人口密度（EMP3D）	2.25	28.65
自由度修正済み R^2 値	0.828	

ンデータ kanto_area.shp を読み込み，lm() 関数を用いて線形回帰モデルを推定する．ポリゴンデータの属性テーブルには，地価（LPH），夜間人口密度（POPD），第三次産業人口密度（EMP3D）に加え，市区町村代表地点の座標（Easting と Northing）や市区町村コード（JCODE）などが含まれている．主題図を作成するために，classInt パッケージも呼び出す．

```
# パッケージの呼び出し
library(spdep)
library(classInt)
# ポリゴンデータの読み込み
kanto <- readShapePoly("kanto_area.shp", IDvar="JCODE")
# 地価に関する主題図の作成
# 色パレットの作成
pal1 <- gray.colors(n=4,start=1,end=0.3)
q_kanto <- classIntervals(round(kanto$LPH,1), n=4,
style="quantile")
q_kanto_Col <- findColours(q_kanto,pal1)
plot(kanto,col=q_kanto_Col)
legend("bottomleft", fill=attr(q_kanto_Col,"palette"),
legend=names(attr(q_kanto_Col,"table")), cex=1.2, bty="n")
# GISデータの属性からモデル推定
lph.lm <- lm(LPH~POPD + EMP3D,data=kanto)
summary(lph.lm)
# 地価モデル(lph.lm)の誤差に関する主題図の作成
# 誤差の算出
lph.lm.resid <- resid(lph.lm)
kanto$lm.resid <- lph.lm.resid
# 誤差の表示
# 色パレットの作成
q_lm.resid <- classIntervals(round(kanto$lm.resid,1), n=4,
style="quantile")
```

```
q_lm.resid_Col <- findColours(q_lm.resid,pal1)
plot(kanto,col=q_lm.resid_Col)
legend("bottomleft",fill=attr(q_lm.resid_Col,"palette"),
legend=names(attr(q_lm.resid_Col,"table")), cex=1.2, bty="n")
```

10.1.2 線形回帰モデルのベイズ推定

以下のような事前情報を与えることにより，前出の線形回帰モデルをベイズ推定することができる．ここでは，回帰係数 β の事前情報として平均0，分散 1×10^{-6} の正規分布 $N(0, 1\times10^{-6})$ を与えている．また，IG は逆ガンマ関数である．

$$y_i = \beta_0 + \beta_1 x_{1i} + \beta_2 x_{2i} + \varepsilon_i$$
$$\varepsilon_i \sim N(\mu_i, \sigma^2)$$
$$\beta_0 \sim N(0, 1\times10^{-6})$$
$$\beta_1 \sim N(0, 1\times10^{-6})$$
$$\beta_2 \sim N(0, 1\times10^{-6})$$
$$\sigma^2 \sim IG(0.001, 0.001)$$

線形回帰モデルのベイズ推定結果を表10.2および図10.3に示す．ここでは，MCMC の繰り返し回数を 100,000 回，稼働検査（バーンイン）期間を 10,000 回としている．

R 分析例

MCMCpack パッケージの MCMCregress() 関数を用いて線形回帰モデルのベイズ推定を行う例を示す．すでに kanto データが読み込まれているものとする．1e-6 は 1×10^{-6} を意味する．

```
# パッケージの呼び出し
library(MCMCpack)
```

表10.2　線形回帰モデルのベイズ推定結果

変数	平均	標準偏差	[2.5%, 97.5%]
定数項	2.55	0.57	[1.42, 3.67]
夜間人口密度（POPD）	1.68	0.11	[1.47, 1.89]
第三次産業従業人口密度（EMP3D）	2.25	0.079	[2.09, 2.40]
σ^2	67.41	5.07	[58.14, 78.01]

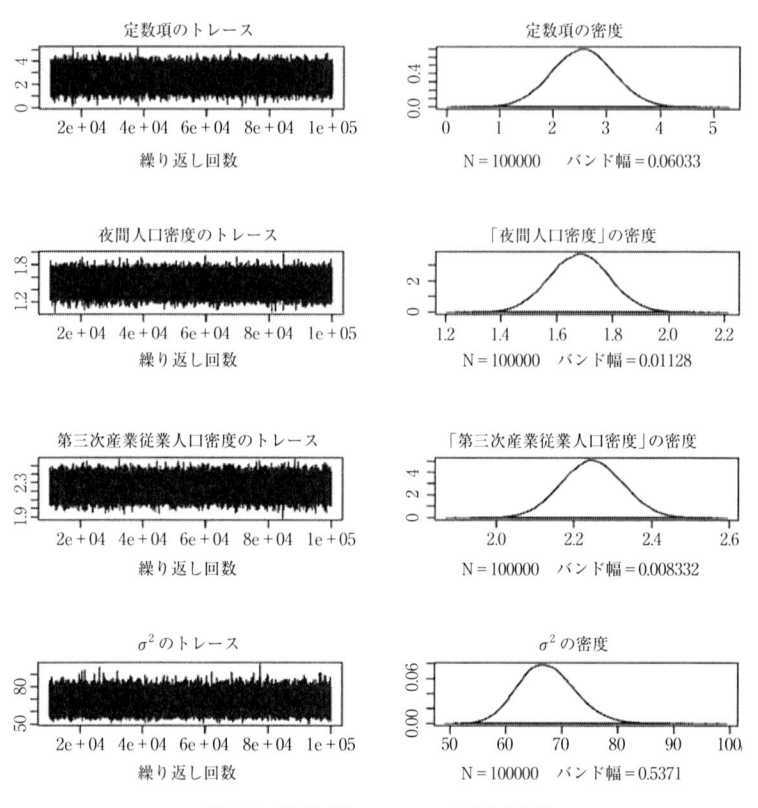

図 10.3　線形回帰モデルのベイズ推定結果

```
# モデルの推定
lph.mcmc <- MCMCregress(LPH~POPD + EMP3D,data=kanto,
b0=0, B0=1e-6, c0=1e-2, d0=1e-2, mcmc=100000, burnin=10000)
summary(lph.mcmc)
plot(lph.mcmc)
```

10.1.3　空間的従属性と空間的異質性

ところで，この回帰モデルを推定する際に本来考慮すべきこととして，まず観測データや誤差項の**空間的従属性**（spatial dependency）の問題が挙げられる．第5章で紹介したように，Moran's I などの指標を用いれば，各変数の空間的自己相関の有無を把握することができる．

例えば，市区町村代表点の座標をもとにドロネー三角網図による空間重み付け行列 W を作成し，地価，夜間人口密度，第三次産業従業人口密度について Moran's I を計算すると，それぞれ 0.76, 0.86, 0.63 となり，強い空間的自己相関を示している．

被説明変数 y について空間的自己相関が認められる場合には，隣接する地域への空間的波及効果をもつと考えられる．例えば，都市開発などにおける地価上昇や人口減少による地価下落といった問題では，ある地域での地価上昇（下落）が周辺地域の地価上昇（下落）に影響を与えることが知られているが，これは空間的波及効果の一例である．

被説明変数だけでなく，説明変数 X や誤差項 ε に空間的自己相関があると考えられる場合にも，注意が必要である．最尤推定法を用いて回帰モデルを推定するとき，観測データの間で空間的な自己相関があると考えられる場合には，単純な対数尤度関数の和の最大化問題としてパラメータ推定を行うことはできない．しかし，空間的自己相関を明示的に取り込むことで最尤推定法を適用できる．

誤差項 ε に空間的自己相関が存在すると考えられる場合，推定されたパラメータが統計的に有意であっても，それは見かけ上の相関にすぎず，特に通常最小二乗法を用いて推定されたパラメータは，一致性も不偏性ももたない．このような場合には，誤差項 ε の地域的なトレンドは，そもそも排除されるべきノイズとして認識できる．この点については，10.3 節で具体的に検討することにしよう．

次に，誤差項 ε や回帰係数 β に関する**空間的異質性**（spatial heterogeneity）の問題が挙げられる．通常の線形回帰モデルでは，誤差項 ε が独立で同一な正規分布に従うと仮定する．このとき，誤差項 ε の**分散均一**（homoschedasticity）$\varepsilon_i \sim N(0, \sigma^2)$ を前提としている．つまり $\sigma_i^2 = \sigma^2$ と仮定している．しかし，空間データはしばしば地域的・地理的な特徴を有するため，誤差項 ε の分散が地域ごとに異なることがある．すなわち，

$$\varepsilon_i \sim N(0, \sigma_i^2)$$

あるいは，

$$\Sigma = \begin{pmatrix} \sigma_1^2 & 0 & \cdots & 0 \\ 0 & \sigma_2^2 & & \vdots \\ \vdots & & \ddots & \\ 0 & \cdots & & \sigma_N^2 \end{pmatrix}$$

となることがある．このような場合，誤差項 ε の**分散不均一**（heteroscedasticity）を前提としたモデル推定を行うことが要求される．誤差項の分散が均一であるかどうかは，モデルの分散共分散構造を考える上で重要である．

観測データ間の関係，特に説明変数 X と被説明変数 y との関係が地域ごとに異なるような場合には，回帰係数 β の空間的異質性も考慮すべきである．回帰係数 β が対象地域全体で均一であるという仮定をはずして，地域ごとに回帰係数 β を推定するようなモデル（マルチレベルモデルなど）を適用するのが望ましい．また，ベイズ推定法を適用することにより，空間的異質性を考慮した柔軟なモデリングが可能となる．

10.2　可変単位地区問題

3.1 節では，地区の形状や規模により密度・指標が異なることを示した．地区の形状や規模が空間分析の結果に影響を及ぼす問題，すなわち可変単位地区問題（MAUP）は，空間データモデリングにおいても重要な問題である．例えば，メッシュデータを用いて分析する際には，メッシュ規模によってモデルパラメータの推定結果が大きく異なることがある．集計単位の規模を小さくすることにより，政策課題を空間的にきめ細かく検討できると期待できるかもしれない．しかしながら，局地的な空間的自己相関の発生や，データが観測されない，個人情報保護の観点からデータが公開されないといった，小地域統計独自の課題も有する．こうした問題を集計単位の**規模の問題**という．

集計規模が同じであっても，地区の形状によって観測データの集計値が変化することがある．この問題を集計単位の**ゾーニングの問題**という．行政境界を用いて分析を行う際には，規模の問題とゾーニングの問題が同時に発生するため，分析単位を適切に設定することが求められる．

異なった集計地区単位による回帰係数の挙動の安定性を検証するには，モン

テカルロ・シミュレーションなどにより回帰係数の平均と分散を求めるとよい．また，回帰係数の差の検定を行うことで，集計単位に応じた回帰係数の差が統計的に有意かどうかを結論づけるのが望ましい．

10.3 一般化回帰モデル

10.3.1 一般化線形モデル

空間データのモデリングにおいては，集計単位の規模や形状による影響を考慮して，観測データを面積で基準化した変数を用いることがある．人口密度や単位面積あたり地価は，面積で基準化された変数であるといえる．説明変数をすべて面積で基準化するような場合には，回帰係数をもたないオフセット項として面積を用いた一般化線形モデルを適用する方法も提案されている．例えば前述の地価モデルの場合であれば，次式のような一般化線形モデルとして定式化できる．ただし S_i は地区 i の面積，$offset( )$ はオフセット項である．オフセット項の係数は 1 であり，推定されることはない．

$$y_i = \beta_0 + \beta_1 x_{1i} + \beta_2 x_{2i} + offset(\ln S_i) + \varepsilon_i$$
$$\varepsilon_i \sim N(0, \sigma^2)$$

10.3.2 一般化加法モデル

一般化加法モデルは，説明変数の変換を行う関数を組み込んだモデルである．空間計量経済学では，次式のように緯度経度データを使った平滑化関数を組み込んだモデルを用いることがある．ただし，$Northing$ は緯度，$Easting$

表10.3 一般化モデルの推定結果

変数	一般化線形モデル		一般化加法モデル	
	回帰係数	t 値	回帰係数	t 値
定数項	−1.29	−2.27	8.57	8.55
夜間人口密度（POPD）	1.76	16.49	0.21	0.91
第三次産業従業人口密度（EMP3D）	2.26	28.66	2.02	23.90
$offset(\ln S_i)$	1.00	∞	−	−
$s(Easting, Northing)$	−	−	25.27	2.21
	AIC = 2558.0		AIC = 2531.4	

は経度である．
$$y_i = \beta_0 + \beta_1 x_{1i} + \beta_2 x_{2i} + \beta_3 s(Easting, Northing) + \varepsilon_i$$
$$\varepsilon_i \sim N(0, \sigma^2)$$
表10.3に，一般化線形モデルと一般化加法モデルの推定結果の例を示す．

10.4　自己回帰モデル

空間的な系列相関を回帰モデルに取り入れる方法がいくつか提案されているが，本節では誤差項に空間的系列相関を明示的に考慮した回帰モデルのうち，同時自己回帰モデル（simultaneous autoregressive model）と条件付き自己回帰モデル（conditional autoregressive model）を紹介する．

10.4.1　同時自己回帰モデル

同時自己回帰（SAR）モデルは，ある地域の誤差項に，自地域を含むほかの地域の誤差項と相関関係を取り入れたモデルである．地価モデルを例に挙げると，次式のようなモデルとなる．
$$y_i = \beta_0 + \beta_1 x_{1i} + \beta_2 x_{2i} + \varepsilon_i$$
$$\varepsilon_i = \sum_{i=1}^{N} b\varepsilon_i + e_i$$
ここで，b は未知パラメータである．ε_i は空間的な系列相関をもつ誤差項，e_i は空間的な系列相関をもたない誤差項を意味する．b が空間重み付け行列の要素と未知パラメータ λ で表される（$b = \lambda w_{ij}$）場合，10.5.2項で紹介する誤差項の空間的自己相関モデルとなる．SARモデルの推定結果を表10.4に，誤差

表10.4　同時自己回帰モデルと条件付き自己回帰モデルの最尤推定結果

変数	SAR		CAR	
	回帰係数	Z値	回帰係数	Z値
定数項	3.00	4.26	3.23	4.45
夜間人口密度（POPD）	1.58	12.73	1.54	12.19
第三次産業従業人口密度（EMP3D）	2.18	25.31	2.15	24.82
λ	0.22	4.54[1]	0.44	4.53[1]
	AIC = 2552.1		AIC = 2552.1	

[1] Z値ではなくLR検定統計量．

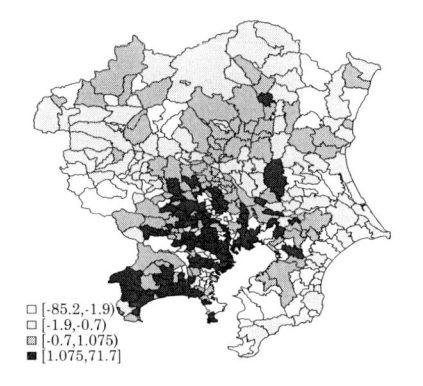

図 10.4　SAR モデルの誤差項分布 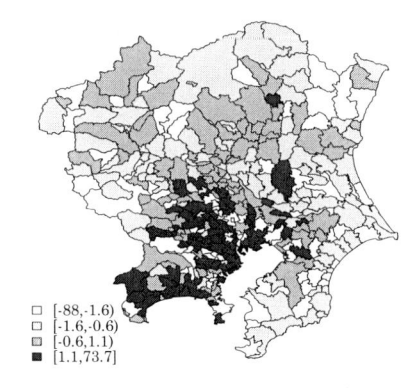　　　　図 10.5　CAR モデルの誤差項分布

項の分布を図 10.4 に，それぞれ示す．

10.4.2　条件付き自己回帰モデル

条件付き自己回帰（CAR）モデルは，その誤差項 ε_i が地域 i を除く誤差項に条件付けられることを明示したモデルである．地域 i 周辺の誤差項を選び $\varepsilon_{j\sim i}$ とすると，その条件付き分布は次式のように表すことができる．

$$y_i = \beta_0 + \beta_1 x_{1i} + \beta_2 x_{2i} + \varepsilon_i$$

$$\varepsilon_i | \varepsilon_{j\sim i} N\left(\sum_{j\sim i} \frac{c_{ij}\varepsilon_j}{\sum_{j\sim i} c_{ij}}, \frac{\sigma_{\varepsilon_i}^2}{\sum_{j\sim i} c_{ij}} \right)$$

ここで，c_{ij} は未知パラメータである．c_{ij} を空間重み付け行列の要素と未知パラメータ λ で表す（$c_{ij}=\lambda w_{ij}$）ことができるが，CAR モデルでは周辺の全地域の誤差項を用いて条件付けない．

CAR モデルは，分散共分散行列 V が以下のようになるという点で，SAR モデルとは異なる．

$$V = (I - \rho W)^{-1} \Sigma$$

誤差項が分散均一のときは，次式のように表される．

$$V = \sigma^2 (I - \rho W)^{-1}$$

CAR モデルの推定結果を表 10.4 に，誤差項の空間分布を図 10.5 に，それぞれ示す．SAR モデルと CAR モデルの推定結果から，定数項や POPD，EMP3D に関する回帰係数に大きな差はないが，誤差項の系列相関を示す未知

パラメータ λ は 2 倍近い差があることが示された．

R 分析例

spdep パッケージの spautolm() 関数を用いて，SAR モデルと CAR モデルを推定する．10.1.1 項の分析例の手順でパッケージとデータが用意されているものとする．誤差項の空間的な系列相関を考慮するために，隣接行列を定義した後，spautolm() 関数の中で空間重み付け行列を指定する．空間隣接行列は tri2nb() 関数を用いてドロネー三角網により作成し，nb2listw() 関数により空間重み付け行列を定義している．

```
# 隣接行列の作成
coords <- matrix(0, nrow=length(kanto$LPH), ncol=2)
coords[,1]  <- kanto$Easting
coords[,2]  <- kanto$Northing
lph.tri.nb <- tri2nb(coords)
# 同時自己回帰（SAR）モデル
lph.sar <- spautolm(LPH~POPD + EMP3D, data=kanto,
nb2listw(lph.tri.nb, style="W"), family="SAR")
summary(lph.sar)
# 条件付き自己回帰(CAR) モデル
lph.car <- spautolm(LPH~POPD + EMP3D, data=kanto,
nb2listw(lph.tri.nb, style="W"), family="CAR")
summary(lph.car)
```

10.5　空間的自己相関モデル

10.5.1　空間的自己回帰モデル

空間的自己回帰モデル（空間同時自己回帰モデル，spatial auto-regression model）は，被説明変数に空間的従属性を表現したモデルである．このモデルは，空間的波及効果を定式化したモデルであるといえる．

$$y = \rho W y + X\beta + \varepsilon$$
$$\varepsilon \sim N(0, \sigma^2 I)$$

分散共分散行列 V は，次式のようになる．

$$V = (I - \rho W)^{-1} \Sigma (I - \rho W')^{-1}$$

10.5 空間的自己相関モデル

誤差項の分散が均一 $\sigma_i^2 = \sigma^2$ であるとき，次のように置き換えることができる．

$$V = \sigma^2[(I-\rho W)'(I-\rho W)]^{-1}$$

ここで，地価データ y と空間的従属性を考慮した地価データ Wy との関係性を散布図で示すと，図10.6のようになる．また，図10.7と図10.8は，それぞれ y と Wy の経験累積分布を示したものである．y と Wy には相関関係があるように見える．

空間的自己回帰モデルを最尤推定した結果を表10.5に，誤差項分布を図10.9にそれぞれ示す．線形回帰モデルで同様に推定するとAIC（赤池情報量基準）= 2554.6であり，空間的自己回帰モデルの方がAICが小さく，あてはまりがよいことがわかる．

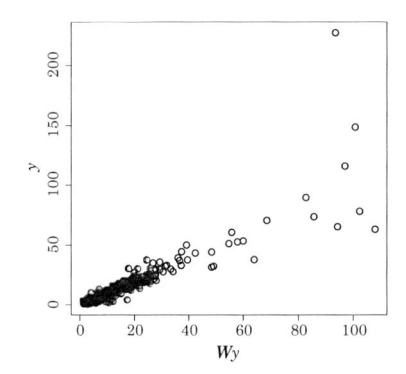

図10.6 地価データ y と空間的従属性を考慮した地価データ Wy の散布図

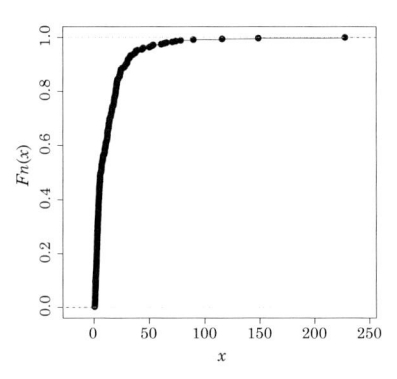

図10.7 y の経験累積分布

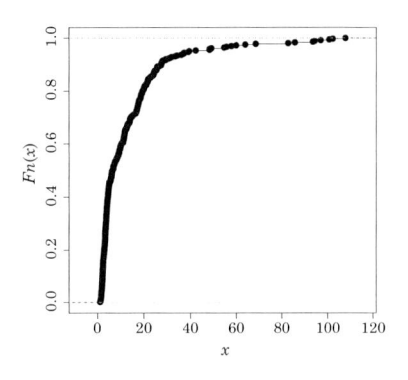

図10.8 Wy の経験累積分布

表 10.5　空間的自己回帰モデルの推定結果

	最尤推定法		二段階最小二乗法	
変数	回帰係数	Z値	回帰係数	t値
定数項	1.71	4.50	1.27	2.36
夜間人口密度（POPD）	0.71	5.06	0.20	1.01
第三次産業従業人口密度（EMP3D）	1.60	15.49	1.26	9.18
ρ	0.44	8.41	0.67	8.37
	AIC = 2504		残差分散 = 55.47	

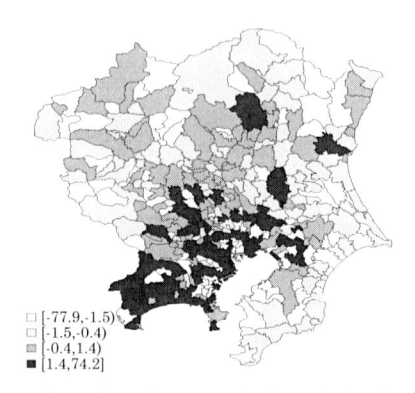

図 10.9　空間的自己回帰モデルの誤差項分布（最尤推定法）

　最尤法以外にも，二段階最小二乗法やベイズ法などによる推定方法も提案されている．二段階最小二乗法による推定結果（表10.5）では，夜間人口密度（POPD）の回帰係数が5%水準で統計的に有意となっていない．

　空間的自己回帰モデルをベイズ推定するには，回帰係数の事前情報を正規分布，誤差項の分散 σ^2 の事前情報を逆ガンマ分布で与え，事後分布を MCMC 法で計算する．ここでは，事前情報を次式のように与えた場合の結果を示している．

$$y = \rho W_i y_i + \beta_0 + \beta_1 x_{1i} + \beta_2 x_{2i} + \varepsilon_i$$

$$\varepsilon_i \sim N(\mu_i, \sigma^2)$$

$$\beta_0 \sim N(0, 1 \times 10^{-6})$$

$$\beta_1 \sim N(0, 1 \times 10^{-6})$$

$$\beta_2 \sim N(0, 1 \times 10^{-6})$$

$$\rho \sim N(0, 1 \times 10^{-6})$$

10.5 空間的自己相関モデル

表 10.6　空間的自己回帰モデルのベイズ推定結果

変数	平均	標準偏差	[2.5%, 97.5%]
定数項	1.41	0.54	[0.32, 2.43]
夜間人口密度（POPD）	0.37	0.18	[0.02, 0.71]
第三次産業従業人口密度（EMP3D）	1.34	0.13	[1.14, 1.46]
ρ	0.59	0.07	[0.46, 0.73]
σ^2	7.45	0.29	[6.93, 8.04]
τ	0.018	0.001	[0.015, 0.021]

DIC（偏差情報量基準）＝2488.1

$$\sigma^2 \sim IG(0.001, 0.001)$$

MCMC 法により空間的自己回帰モデルをベイズ推定した例を表 10.6 に示す．ここでは，MCMC の生成回数を 10,000 回，稼働検査期間を 1,000 回，チェーン数を 3 としている．

R 分析例

最尤法により空間的自己回帰モデルを推定してみよう．spdep パッケージの lagsarlm() 関数を用いて，空間的自己回帰モデルを推定できる．ここでは，市区町村代表点の座標値をもとにドロネー三角網図による隣接行列および空間重み付け行列を作成し，空間的自己回帰モデルの推定に用いている．すでにパッケージとデータが読み込み済みであることを前提に，以下の手順でモデルを推定する．

lagsarlm() 関数の中で quiet=FALSE を指定すると，最尤推定法による収束過程が示される．

```
# 空間的自己回帰モデル
lph.lag <- lagsarlm(LPH～POPD + EMP3D, data=kanto,
nb2listw(lph.tri.nb, style="W"))
summary(lph.lag)
```

10.5.2　誤差項の空間的自己回帰モデル

誤差項の空間的自己回帰モデル（空間誤差モデル，SEM：spatial error model）は，次式のように誤差項に空間的自己相関を明示したモデルである．

$$y = X\beta + u$$
$$u = \lambda W u + \varepsilon$$

$$\varepsilon \sim N(0, \sigma^2 \boldsymbol{I})$$

ここで $\lambda \boldsymbol{W} u$ は空間的従属性のある誤差項，ε は空間的従属性のない誤差項，λ は回帰係数を意味する．このモデルでは，誤差項の空間的従属性を空間重み付け行列を用いて表現している．誤差項の分散共分散行列 $\boldsymbol{V}$ は，次式のようになる．

$$\boldsymbol{V} = (\boldsymbol{I} - \lambda \boldsymbol{W})^{-1} \boldsymbol{\Sigma} (\boldsymbol{I} - \lambda \boldsymbol{W}')^{-1}$$

誤差項の分散が均一 $\sigma_i^2 = \sigma^2$ であるとき，次式のようになる．

$$\boldsymbol{V} = \sigma^2 [(\boldsymbol{I} - \lambda \boldsymbol{W})'(\boldsymbol{I} - \lambda \boldsymbol{W})]^{-1}$$

地価データを用いた誤差項の空間的自己回帰モデルの最尤推定結果は，表10.7のようになる．誤差項の空間的従属性を示す回帰係数 λ は正であり，Z 値が統計的に有意であることが示された．また線形回帰モデルの AIC (2554.6) と比較するとこちらの方が小さく，あてはまりがよいことがわかる．

表10.4の結果と比較すると，空間重み付け行列を用いて誤差項の空間的系列相関を考慮した同時自己回帰モデルと誤差項の空間的自己回帰モデルの推定結果は同じであることが理解できよう．誤差項の空間的自己回帰モデルの誤差項分布を示したものが図10.10である．

誤差項の空間的自己回帰モデルは，最尤法のほかに一般化モーメント法やベイズ法により推定する方法が提案されている．一般化モーメント法による推定結果を表10.7に示す．この方法は λ と σ^2 を同時に最適化する方法である．最尤推定法と比較して，最適化計算における数値探索局面があまり平坦でない (図10.11) ため，最尤推定法の代替手段として用いられることもある．

誤差項の空間的自己回帰モデルをベイズ推定するには，モデルを次式のよう

表10.7 誤差項の空間的自己回帰モデルの推定結果

変数	最尤推定法		一般化モーメント法	
	回帰係数	Z 値	回帰係数	Z 値
定数項	3.00	4.26	2.81	4.34
夜間人口密度 (POPD)	1.58	12.73	1.63	13.90
第三次産業従業人口密度 (EMP3D)	2.18	25.31	2.21	26.56
λ	0.22	2.73[1]	0.14	3.99[1]
	AIC = 2552.1		AIC = 2552.6	

[1] Z 値ではなく LR 検定統計量．

10.5 空間的自己相関モデル

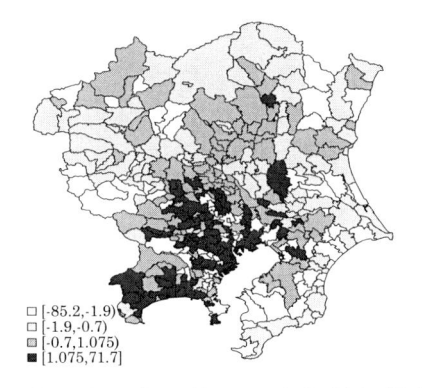

図 10.10 誤差項の空間的自己回帰モデルの誤差項分布（最尤推定法）

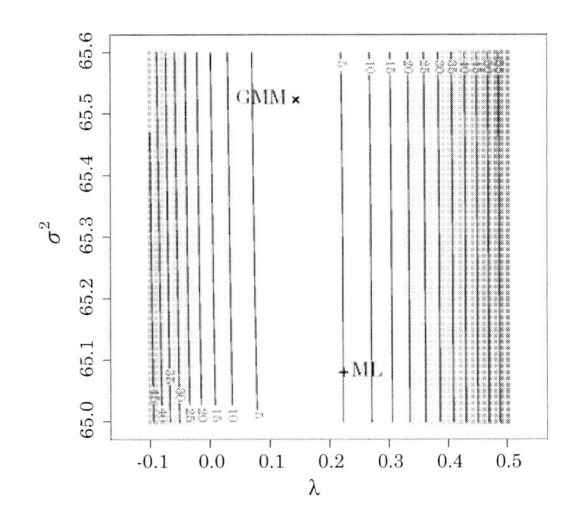

図 10.11 一般化モーメント法（GMM）と最尤法（ML）の最適解

に定式化する．ここでは，回帰係数の事前情報として正規分布，λ の事前情報として一様分布 $U(0,1)$，誤差項の分散の事前情報として逆ガンマ分布を与えている．誤差項の空間的自己回帰モデルのベイズ推定結果を表 10.8 に示す．

$$y_i = \beta_0 + \beta_1 x_{1i} + \beta_2 x_{2i} + u_i$$
$$u_i = \lambda W_i u_i + \varepsilon_i$$
$$\varepsilon_i \sim N(\mu_i, \sigma^2)$$
$$\beta_0 \sim N(0, 1 \times 10^{-6})$$

表 10.8 誤差項の空間的自己回帰モデルのベイズ推定結果

変数	平均	標準偏差	[2.5%, 97.5%]
定数項	-6.27	415.04	$[-982.6, 964.4]$
夜間人口密度（POPD）	-0.62	0.27	$[-1.14, -0.07]$
第三次産業従業人口密度（EMP3D）	1.39	0.13	$[1.13, 1.64]$
λ	0.99	0.013	$[0.95, 1.00]$
σ^2	7.51	0.28	$[6.97, 8.09]$
τ	0.018	0.001	$[0.015, 0.021]$

DIC = 2491.4

$$\beta_1 \sim N(0, 1\times 10^{-6})$$
$$\beta_2 \sim N(0, 1\times 10^{-6})$$
$$\lambda \sim U(0, 1)$$
$$\sigma^2 \sim IG(0.001, 0.001)$$

R 分析例

誤差項の空間的自己回帰モデルは，spdep パッケージの errorsarlm() 関数を用いて推定することができる．

```
lph.err <- errorsarlm(LPH~POPD + EMP3D, data=kanto,
nb2listw(lph.tri.nb, style="W"))
summary(lph.err)
```

10.5.3 空間ダービンモデル

空間ダービンモデル (spatial Durbin model) は，説明変数と被説明変数の両方に空間的従属性を取り入れたモデルである．

$$y = \rho Wy + X\beta + \rho WX\beta + \varepsilon$$
$$\varepsilon \sim N(0, \sigma^2 I)$$

地価データを用いて空間ダービンモデルを推定した例を表 10.9 に示す．この結果からは，夜間人口密度に対する回帰係数が負であり，Z 値が統計的に 5% 水準で有意でないことがわかる．空間ダービンモデルの誤差項分布を図 10.12 に示す．

空間ダービンモデルをベイズ推定するには，モデルを次式のように定式化し，事前情報を与える．

$$y_i = \rho W_i y_i + \beta_0 + \beta_1 x_{1i} + \beta_2 x_{2i} + \rho W_i \beta_0 + \rho W_i \beta_1 x_{1i} + \rho W_i \beta_2 x_{2i} + \varepsilon_i$$

10.5 空間的自己相関モデル

表 10.9 空間ダービンモデルの最尤推定結果

変数	回帰係数	Z 値
定数項	1.35	2.43
夜間人口密度（POPD）	−0.49	−1.83
第三次産業従業人口密度（EMP3D）	1.44	11.36
$\rho(\boldsymbol{W}y)$	0.21	2.57
ρ（夜間人口密度）	1.88	5.75
ρ（第三次産業従業人口密度）	0.63	2.42

AIC = 2475.4（線形回帰モデルの AIC = 2479.2）

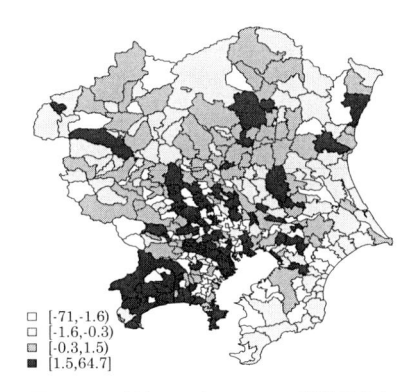

図 10.12 空間ダービンモデルの誤差項分布

$$\varepsilon_i \sim N(\mu_i, \sigma^2)$$
$$\beta_0 \sim N(0, 1\times 10^{-6})$$
$$\beta_1 \sim N(0, 1\times 10^{-6})$$
$$\beta_2 \sim N(0, 1\times 10^{-6})$$
$$\rho \sim N(0, 1\times 10^{-6})$$
$$\sigma^2 \sim IG(0.001, 0.001)$$

空間ダービンモデルのベイズ推定結果を表 10.10 に示す．この結果では，夜間人口密度に対する回帰係数について平均値が負となっているが，97.5%値は正となっている．

R 分析例

最尤法により空間ダービンモデルを推定するには，spdep パッケージの lagsarlm() 関数で引数 type="mixed" を指定する．

表10.10 空間ダービンモデルのベイズ推定結果

変数	平均	標準偏差	[2.5%, 97.5%]
定数項	1.02	0.61	$[-0.17, 2.23]$
夜間人口密度（POPD）	-0.54	0.29	$[-1.08, 0.03]$
第三次産業従業人口密度（EMP3D）	1.41	0.13	$[1.17, 1.50]$
$\rho(Wy)$	0.39	0.14	$[0.14, 0.65]$
ρ（夜間人口密度）	1.59	0.37	$[0.85, 2.31]$
ρ（第三次産業従業人口密度）	0.22	0.36	$[-0.48, 0.92]$
σ^2	7.28	0.28	$[6.76, 7.82]$
τ	0.019	0.001	$[0.016, 0.022]$

DIC = 2482.0

```
lph.durbin <- lagsarlm(LPH～POPD + EMP3D, data=kanto,
nb2listw(lph.tri.nb, style="W"), type="mixed")
summary(lph.durbin)
```

10.5.4 空間的従属性の検定

観測データや誤差項に空間的従属性を取り入れるかどうかについては，空間的従属性を取り入れなかった場合，すなわち通常の線形回帰モデルと比較して，空間的従属性を考慮することの統計的有意性を判断する方法が提案されている．これを空間的従属性に関するラグランジュ乗数検定という．

例えば，SAR モデルの空間的従属性に関する回帰係数 ρ について，帰無仮説 H_0 と対立仮説 H_1 を次のようにおく．

$$帰無仮説\ H_0 : \rho = 0$$
$$対立仮説\ H_1 : \rho \neq 0$$

このとき，ラグランジュ乗数 LM について χ^2 検定を行い，有意水準 α に対して $LM > \chi^2(\alpha)$ であれば帰無仮説 H_0 を棄却し，空間的従属性を示す回帰係数 ρ を採用した方がよい，すなわち SAR モデルを適用するのが望ましいと結論づける．

SAR モデルで $\rho = 0$ かどうかを検定した結果（LMlag）と，SEM モデルで $\lambda = 0$ かどうかを検定した例（LMerr）を，表 10.11 に示す．この結果から，有意水準5％で，SAR モデルについては帰無仮説が棄却されるが，SEM モデルについては帰無仮説が棄却されないことがわかる．

表 10.11　空間的従属性の検定結果

モデル	ラグランジュ乗数（LM）	p 値
SAR モデル（LMlag）	46.52	9.05×10^{-12}
SEM モデル（LMerr）	3.43	0.064

R 分析例

以下のようにして，SAR モデルと SEM モデルの空間的従属性の有無に関する検定を行うことができる．

```
lm.LMtests(lph.lm, nb2listw(lph.tri.nb),
test=c("LMlag", "LMerr"))
```

10.6　マルチレベルモデル

地域差を考慮して回帰モデルを推定する方法の一つに，マルチレベルモデルを適用することが考えられる．マルチレベルモデルは混合効果モデルとも呼ばれる．

夜間人口密度や第三次産業従業人口密度の分布が地価に与える影響は，特別区や政令指定都市，あるいは県単位で異なると考えられる．そこで，ある地域グループ j（例えば，特別区，政令指定都市，特別区と政令指定都市を除く都県）ごとに回帰係数が異なるようなモデルを構築してみよう．

このとき，固定効果とランダム効果を考慮したモデルとして，以下のような組み合わせが考えられる．ここで，y_{ij} は地域グループ j に属する市区町村 i の地価という意味である．

①切片と傾きが固定効果
$$y_{ij}=\beta_0+\beta_1 x_{1ij}+\beta_2 x_{2ij}+\varepsilon_{ij}$$
②切片がランダム効果で傾きが固定効果
$$y_{ij}=\beta_{0j}+\beta_1 x_{1ij}+\beta_2 x_{2ij}+\varepsilon_{ij}$$
③切片が固定効果で傾きがランダム効果
$$y_{ij}=\beta_0+\beta_{1j} x_{1ij}+\beta_{2j} x_{2ij}+\varepsilon_{ij}$$

表10.12 マルチレベルモデルの推定例

	変数	モデル②		モデル③	
		回帰係数	t 値	回帰係数	t 値
固定効果	定数項	4.60	3.43	–	–
	夜間人口密度（POPD）	1.31	8.84	–	–
	第三次産業従事人口密度（EMP3D）	2.12	25.38	3.60	5.66
ランダム効果	地域	定数項		POPD	EMP3D
	千葉県[1]	−2.23		1.51	1.68
	千葉市	−1.01		1.24	1.30
	群馬県	−2.78		0.027	0.036
	⋮				
	東京都23区	7.88		1.76	2.25
	東京多摩地区	2.74		1.96	2.07
	横浜市	−1.31		1.52	0.78
		AIC = 2555.5		AIC = 2578.7	

[1] 千葉市を除く．

④切片と傾きがランダム効果

$$y_{ij} = \beta_{0j} + \beta_{1j}x_{1ij} + \beta_{2j}x_{2ij} + \varepsilon_{ij}$$

モデル②とモデル③を推定した結果を，それぞれ表10.12に示す．

モデル④について，地域グループ j 単位ではなく，市区町村 i 単位で回帰係数を推定する場合，県・特別区・政令指定都市単位でモデルを推定する場合と比較して，より空間的な異質性を考慮したモデルとなる．すなわち，以下のようなモデルとなる．

$$y_i = \beta_{0i} + \beta_{1i}x_{1ij} + \beta_{2i}x_{2ij} + \varepsilon_{ij}$$

このモデルは，しばしば最尤推定法では解が収束しないことがある．そこで，ベイズ推定した場合の夜間人口密度および第三次産業従事人口密度に対する回帰係数の分布を図10.13に示す．この結果から，それぞれの人口密度分布が地価に与える影響に地域差があることを理解できる．

R 分析例

lme4パッケージのlme()関数を用いて，モデル②とモデル③のマルチレベルモデルを推定する例を示す．新たにlph.csvデータを用いる．

```
# lme4パッケージを使用
library(lme4)
```

(a) 夜間人口密度　　　　　　　　　(b) 第三次産業従業人口密度

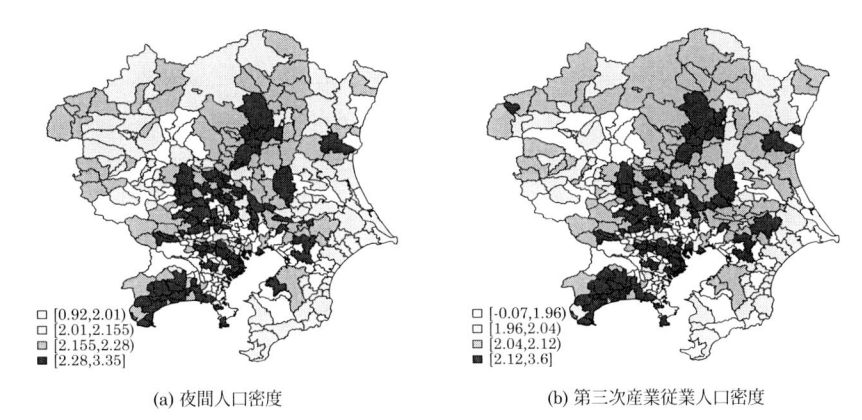

図 10.13 市区町村単位でのベイズマルチレベルモデルの回帰係数推定結果

```
# lph データを読み込み
lph <- read.table("lph.csv", sep=",", header=TRUE)
# モデル②（固定効果：傾き，ランダム効果：切片）を推定
lph.lme1 <- lmer(LPH〜POPD + EMP3D +(1|AREA), data=lph)
# 推定結果を表示
summary(lph.lme1)
# ランダム効果を表示
ranef(lph.lme1)
# モデル③（固定効果：切片，ランダム効果：傾き）を推定
lph.lme2 <- lmer(LPH〜(0 + POPD + EMP3D|AREA)+1, data=lph)
# 推定結果を表示
summary(lph.lme2)
# ランダム効果を表示
ranef(lph.lme2)
```

10.7　地理的加重回帰モデル

空間的異質性と空間的従属性の両方を考慮した空間モデルとして，地理的加重回帰モデル（GWR：geographically weighted regression model）がある．このモデルは次式のように表され，地域 i ごとに異なる回帰係数 β_i と空間的従属性を示す空間重み付け関数 W_i とで構成される．

$$W_i y = W_i X \beta_i + \varepsilon_i$$

$$\varepsilon_i \sim N(0, \sigma^2 \boldsymbol{V}_i)$$

ここで，$\boldsymbol{W}_i$ は対角要素 $\{w_{i1}, w_{i2}, \ldots, w_{iN}\}$ で構成される対角行列である．

空間重み付け関数 $\boldsymbol{W}_i$ の要素 w_{ij} に関しては，地域 i と地域 j との距離 d_{ij} およびバンド幅 θ を用いた距離低減関数を適用する方法が提案されている．

(1) 指数関数
$$w_{ij} = \exp\left(\frac{d_{ij}}{\theta}\right)$$

(2) tri-cube 関数
$$w_{ij} = \begin{cases} \left(1 - \left(\frac{d_{ij}}{d}\right)^3\right)^3 & (d_{ij} \leq d) \\ 0 & (\text{それ以外}) \end{cases}$$

(3) ガウス関数
$$w_{ij} = \exp\left(-\frac{1}{2}\left(\frac{d_{ij}}{\theta}\right)^2\right)$$

(4) bi-square 関数
$$w_{ij} = \exp\left(-\left(\frac{d_{ij}}{\theta}\right)^2\right)$$

また，w_{ij} を行和で基準化した値を用いる場合もある．指数関数を用いた場合には，次式のようになる．

$$w_{ij} = \frac{\exp(-d_{ij}/\theta)}{\sum_{j=1}^{N} \exp(-d_{ij}/\theta)}$$

指数関数やガウス関数で用いられるバンド幅 θ は，交差検証（クロスバリデーション）法を用いて，以下のクロスバリデーションスコア CV を最小化することにより求められる．

$$CV = \sum_{i=1}^{N} [y_i - \hat{y}_{\neq i}(\theta)]$$

ここで $\hat{y}_{\neq i}(\theta)$ は i を除く観測データを用いた予測値である．

バンド幅 θ を変化させた場合のクロスバリデーションスコア CV は，図 10.14 のような関係になる．

地価モデルに地理的加重回帰モデルを適用して得られた回帰係数の分布を図 10.15 に，誤差項の空間分布を図 10.16 に，ローカルな R^2 値の空間分布を図 10.17 に，それぞれ示す．

10.7 地理的加重回帰モデル

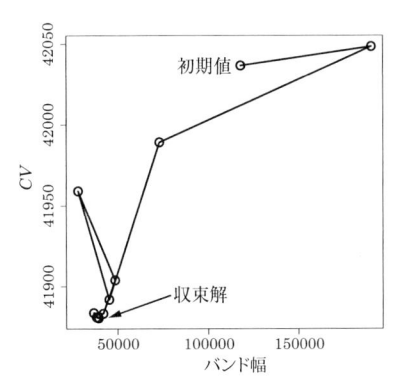

図 10.14 バンド幅 θ とクロスバリデーションスコア CV の軌跡

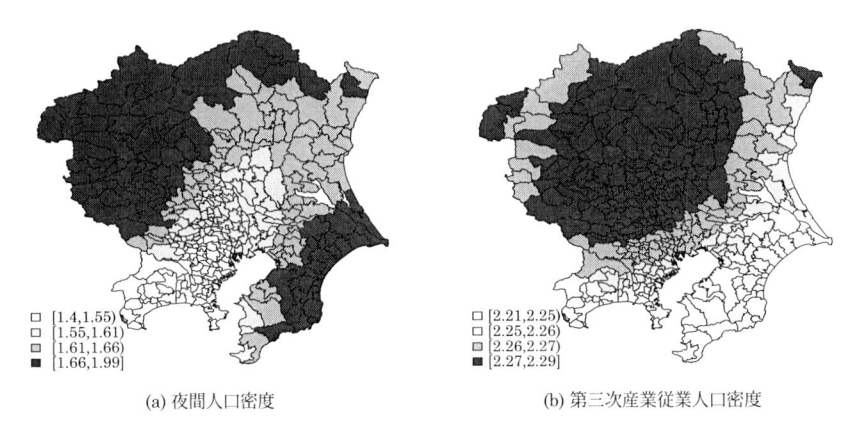

(a) 夜間人口密度

(b) 第三次産業従業人口密度

図 10.15 地理的加重回帰モデルのパラメータ推定結果

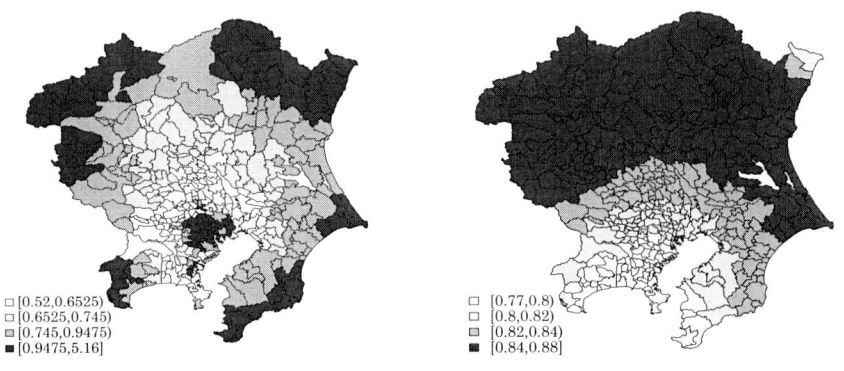

図 10.16 地理的加重回帰モデルの標準誤差項分布

図 10.17 地理的加重回帰モデルのローカルな R^2 値

R 分析例

地理的加重回帰モデルを最尤推定してみよう．spwgr パッケージを用いて，まず gwr.sel() 関数によりバンド幅を計算する．そして得られたバンド幅を用いて，gwr() 関数により地理的加重回帰モデルを推定する．

```
# spgwr パッケージを使用
library(spgwr)
# バンド幅を計算 *2)
lph.bw <- gwr.sel(LPH～POPD + EMP3D, data=kanto)
# 地理的加重回帰モデルを推定 *2)
lph.gwr <- gwr(LPH～POPD + EMP3D, data=kanto,
bandwidth=lph.bw, hatmatrix=TRUE)
# モデル推定結果を表示
summary(lph.gwr$SDF)
```

参 考 文 献

1) Anselin, L., R. Florax and S. Rey (eds.) (2004), *Advances in Spatial Econometrics: Methodology, Tools and Applications*, Springer-Verlag.
2) Arbia, G. (2006), *Spatial Econometrics*, Springer-Verlag.
3) LeSage, J. P. and R. K. Pace (2009), *Introduction to Spatial Econometrics*, Chapman & Hall/CRC Press.
4) Fotheringham, A. S., C. Brunsdon and M. Charlton (2002), *Geographically Weighted Regression: the analysis of spatially varying relationships*, Wiley.
5) LeSage, J. P. (1999), *The Theory and Practice of Spatial Econometrics*, http://www.spatial-econometrics.com/

[*2)] バージョンによって，引数 Coords=coords を指定する．

11 カウントデータ・モデル

　第6章で紹介したように，空間データ分析においては，「事故発生件数」や「死亡者数」などのように，一定の時空間内で発生するイベントの件数を地域単位・期間単位で集計したカウントデータ（計数データ）をしばしば扱うことがある．とりわけ事故や死亡などのデータは，空間的なリスクを意味していると考えられ，カウントデータ・モデルを用いたリスクの要因分析は近年重要性を増している．

　カウントデータ・モデルとして，交通事故，新薬開発に対する特許出願件数などのように，イベントの発生件数が比較的少ない現象をモデル化するための，**ポアソン回帰モデル**や**負の二項分布モデル**がよく知られている．現象が「発生しない」，つまりイベント発生数が0である地区が圧倒的に多いような場合には，イベント発生数0をどのように説明するかが重要な課題となる．このような現象を説明するモデルとして，**ゼロ強調ポアソン回帰モデル**（ゼロ過大ポアソンモデル）や**ゼロ強調負の二項分布モデル**など[*1]も提案されている[1]．これらのモデルについて，最尤法とベイズ法による推定例を紹介する．本章で扱うモデルやRコードは文献[2,3]などを参考にした．

11.1　ポアソン回帰モデル

　文献[2]によると，市区町村別に見たわが国の一般病院数は，図11.1のように分布している．この図から，日本の基礎自治体においては，一般病院がないか病院数が少ないケースが多いことがわかる．

　一般病院数の分布を度数分布から確率分布に変換すると，この分布は0また

　[*1]　ほかにハードルモデルなどもあるが，本書では扱わない．

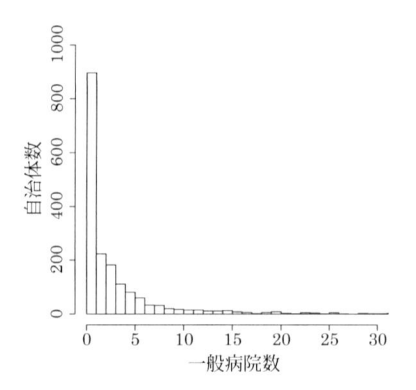

図 11.1 市区町村別の一般病院数
　　　　(2006年，一般病院数が30以上の自治体数は非常に少ないため省略した)

は正数値をとる確率分布とみなすことができる．このような分布を表す確率分布の一つに，ポアソン分布がある．

ポアソン分布は，事象の発生数を y としたとき，次式で表される確率分布を意味する．

$$P(y) = \frac{\lambda^y \exp(-\lambda)}{y!}$$

ここで，ポアソン分布の平均と分散はともに λ となる．

ポアソン分布は，対象が同じものに対して同時に複数回の事象が生じず，事象が独立に生じるような場合に用いられる．第6章で扱った，要因別死亡者数や交通事故発生件数の分析などにも適用できる．

一般病院数の分布は，基礎自治体の人口密度などに比例すると考えられる．ここでは説明変数に高齢化率（総人口に占める65歳以上人口割合）を加え，以下のようなポアソン回帰モデルを定式化してみよう．

$$y_i \sim Po(\lambda_i)$$
$$\log \lambda_i = \beta_0 + \beta_1 x_{1i} + \beta_2 x_{2i}$$

ここで，y_i は基礎自治体 i の病院数，x_{1i} は人口密度，x_{2i} は高齢化率である．また β_0，β_1 および β_2 は回帰係数を意味する．

ポアソン回帰モデルの残差逸脱度（deviance residuals）D は，λ_i の予測値 $\hat{\lambda}_i$ を用いて，次式により求められる．

11.1 ポアソン回帰モデル

表11.1 ポアソン回帰モデルの推定結果

変数	最尤推定			ベイズ推定		
	回帰係数	Z値	回帰係数	標準偏差	[2.5%, 97.5%]	
定数項	3.00	61.40	3.00	4.89×10^{-2}	[2.91, 3.10]	
人口密度	0.010	36.43	0.010	2.71×10^{-4}	[0.0096, 0.011]	
高齢化率	-7.45	-35.53	-7.45	0.21	$[-7.85, -7.04]$	

$$D = 2\sum_{i=1}^{N}\left\{y_i \log\left(\frac{y_i}{\hat{\lambda}_i}\right) - (y_i - \hat{\lambda}_i)\right\}$$

データ数がN,説明変数の数がkのとき,Dは自由度$N-k-1$のχ^2分布に従う.

また回帰係数が正規分布に従うとして事前情報を与えることにより,ポアソン回帰モデルをベイズ推定できる.以下の推定例では,ベイズ推定のMCMC回数を11,000回,稼働検査期間を1,000回とし,稼働検査期間を除く10,000回分の計算結果を用いて,回帰係数の平均値,標準偏差,2.5%値および97.5%値を示す.回帰係数の事前情報は,正規分布に従うと仮定して以下のように与えている.

$$\beta_0, \beta_1, \beta_2 \sim N(0, 1 \times 10^{-6})$$

ポアソン回帰モデルを最尤推定した結果とベイズ推定した結果を比較すると,表11.1のようになる.

R分析例

glm()関数を用いてポアソン回帰モデルを最尤推定する.

```
# データの読み込み
data84 <- read.table("data84.csv", sep =",", header = TRUE)
# モデルの推定
model84_p <- glm(Hospital~Popd + Pop65r, data = data84,
family = poisson)
summary(model84_p)
```

次に,MCMCpackパッケージのMCMCpoisson()関数を用いて,ポアソン回帰モデルをランダムウォーク・メトロポリス法によりベイズ推定する[2].

---

[2] ポアソン回帰モデルをベイズ推定するためには,MCMCpackパッケージのほか,bayescountパッケージを用いる方法や,JAGSコードで対数尤度関数を記述しR2jagsパッケージを用いてギブスサンプリングする方法などもある.

```
# MCMCpack パッケージの読み込み
library(MCMCpack)
# モデルの推定と結果の表示
model84_p.mcmc <- MCMCpoisson(Hospital~Popd + Pop65r,
data = data84)
summary(model84_p.mcmc)
```

11.2　負の二項分布モデル

　空間データを使ってモデリングする際,「地域差」などの要因により,データのばらつきが大きい場合や,特徴的なパターンが生じる場合がある.このような現象を過大分散ということは,すでに第6章で述べた.過大分散が生じるような現象を扱う場合に用いられるモデルの一つに,データの分布に**負の二項分布**を仮定した負の二項分布モデルがある.

　ここで,実験が成功するか失敗するか(あるいは,事象が起きるか起きないか)という二つの結果しかない試行(**ベルヌーイ試行**)を行い,実験が成功する確率(または事象が起きる確率)が π であるとする.この実験を独立に n 回繰り返し試行し r 回成功したとすると,その確率分布は以下の**二項分布**で表すことができる.

$$P(r) = {}_nC_r \pi^r (1-\pi)^{n-r}$$

ここで,

$$_nC_r = \binom{n}{r} = \frac{z!}{r!(n-r)!}$$

である.

　この問題を別の観点からとらえ,事象が r 回起きるまでその事象が生じなかった確率,つまり r 回成功するまでに何回の実験を続けなくてはならないのかについては,次式の確率分布で表すことができる.これが負の二項分布である.

$$P(z) = {}_{n-1}C_{r-1} \pi^r (1-\pi)^{n-r} \quad (n = r, r+1, ...)$$

ここで, $n = z - r$ と変換すると,負の二項分布は次式のようにガンマ関数で表すことができる.

11.2 負の二項分布モデル

$$P(y) = {}_{y+r-1}C_{r-1}\pi^r(1-\pi)^y$$
$$= \frac{(y+r-1)!}{(r-1)!\,(y+r-1-(r-1))!}\pi^r(1-\pi)^y$$
$$= \frac{\Gamma(y+r)}{y!\Gamma(r)}\pi^r(1-\pi)^y$$

このとき，負の二項分布は平均 $r(1-\pi)/\pi$，分散 $r(1-\pi)/\pi^2$ となる．

さらに $\pi=r/(\lambda+r)$ と置き換えると，負の二項分布は以下のようになる．

$$P(y) = \frac{\Gamma(y+r)}{y!\Gamma(r)}\left(\frac{r}{r+\lambda}\right)^r\left(\frac{\lambda}{r+\lambda}\right)^y$$

このとき，平均と分散はそれぞれ λ および $(\lambda^2+r\lambda)/r$ となる．分散を平均で割った値 $1+\lambda/r$ を分散指標（dispersion index）あるいは過大分散パラメータという．

上の例で，基礎自治体 i における一般病院の立地確率 $p(y_i)$ が負の二項分布 $NB(r,\pi_i)$ に従うと仮定すると，推定すべき負の二項分布モデルは次式のように表すことができる．

$$y_i \sim NB(r,\pi_i)$$
$$\pi_i \sim \frac{r}{\lambda_i+r}$$
$$\log\lambda_i = \beta_0 + \beta_1 x_{1i} + \beta_2 x_{2i}$$

回帰係数 β と r について，以下のように事前情報を与えることにより，負の二項分布モデルをベイズ推定できる．

$$\beta_0, \beta_1, \beta_2 \sim N(0, 1\times 10^{-6})$$
$$r \sim \Gamma(0.001, 0.001)$$

負の二項分布モデルを最尤推定した結果とベイズ推定した結果を比較すると，表 11.2 のようになる．ここでは，ランダムウォーク・メトロポリス法を用いてベイズ推定している[*3]．MCMC 回数を 11,000 回，稼働検査期間を 1,000 回とし，稼働検査期間を除く 10,000 回分の計算結果を用いて，回帰係数の平均値，標準偏差，2.5%値および 97.5%値を示している．

---

*3) MCMCpack パッケージの MCMCmetrop1R( ) 関数を用いて推定した．

表 11.2　負の二項分布モデルの推定結果

変数	最尤推定		ベイズ推定		
	回帰係数	Z値	回帰係数	標準偏差	$[2.5\%, 97.5\%]$
定数項	3.37	24.41	3.37	0.15	$[3.09, 3.66]$
人口密度	0.012	8.80	0.012	0.001	$[0.009, 0.015]$
高齢化率	-9.21	-17.41	-9.21	0.58	$[-10.37, -8.11]$

R 分析例

負の二項分布モデルは，以下のように glm.nb() 関数を用いて最尤推定できる．以下の分析例では，データ data84 が読み込み済みであるものとする．

```
# モデルの推定と結果の表示
model84_nb <- glm.nb(Hospital~Popd + Pop65r, data = data84)
summary(model84_nb)
```

11.3　ゼロ強調ポアソン回帰モデル

一般病院数や交通事故発生数のように，イベントが発生しないケースが多い，すなわちゼロが多いデータを扱う場合に用いられるモデルに，ゼロに対するか分散を扱うゼロ強調モデルがある．このモデルは，イベントの発生数 $y_i=0$ の場合と，$y_i>0$ の場合とで異なるモデルを仮定し，この二つのモデルを組み合わせたモデルである．イベント発生数がポアソン分布に従うと仮定した場合，ゼロ強調ポアソン回帰モデルは以下のように表すことができる．

$$y_i \sim ZIP(\pi_i)$$

ここで，$ZIP(\pi_i)$ は以下のような関数となる．

$y_i=0$ のとき：　$P(y_i=0)=(1-\pi_i)+\pi_i\dfrac{\lambda_i^0 \cdot \exp(-\lambda_i)}{0!}$

$\qquad\qquad\qquad\quad =(1-\pi_i)+\pi_i \cdot \exp(-\lambda_i)$

$y_i>0$ のとき：　$P(y_1>0)=\pi_i\dfrac{\lambda_i^{y_i} \cdot \exp(-\lambda_i)}{y_i!}$

である．いま，

$$w_i=\begin{cases}0 & (y_i=0)\\ 1 & (y_i>0)\end{cases}$$

11.3 ゼロ強調ポアソン回帰モデル

なる変数を定義すると，ゼロ強調ポアソン回帰モデルの対数尤度関数は次式のようになる．

$$\log L = \sum_{i=1}^{N}(1-w_i)\log\{(1-\pi_i)+\pi_i \cdot \exp(-\lambda_i)\}$$
$$+ \sum_{i=1}^{N} w_i [\log \pi_i - \lambda_i + y_i \log \lambda_i - \log(y_i!)]$$

ここで，

$$\text{logit } \pi_i = \log\left(\frac{\pi_i}{1-\pi_i}\right) = \alpha_0 + \alpha_1 x_{1i} + \alpha_2 x_{2i}$$

$$\log \lambda_i = \beta_0 + \beta_1 x_{1i} + \beta_2 x_{2i}$$

である．α_0，α_1 および α_2 はロジットリンクに対する回帰係数である．

$$\pi_i = \frac{\exp(\alpha_0 + \alpha_1 x_{1i} + \alpha_2 x_{2i})}{1 + \exp(\alpha_0 + \alpha_1 x_{1i} + \alpha_2 x_{2i})}$$

とすると，

$$1 - \pi_i = \frac{1}{1 + \exp(\alpha_0 + \alpha_1 x_{1i} + \alpha_2 x_{2i})}$$

である．

回帰係数を求めるには，対数尤度関数を最大にすることで最尤解を直接求めるほか，π_i になんらかの関数形を与えることにより，対数尤度関数を最大にする最尤解を求める方法も提案されている．

回帰係数 α および β に関する事前情報を与えることにより，ゼロ強調ポアソンモデルをベイズ推定することができる．

$$\beta_0, \beta_1, \beta_2 \sim N(0, 1 \times 10^{-6})$$
$$\alpha_0, \alpha_1, \alpha_2 \sim N(0, 1 \times 10^{-6})$$

ゼロ強調ポアソン回帰モデルを最尤推定した結果とベイズ推定した結果を比較すると，表 11.3 のようになる．

ここでは，ギブズサンプリング法によりベイズ推定している[*4)]．MCMC 回数を 2,500 回，稼働検査期間を 500 回とし，稼働検査期間を除く 2,000 回分の計算結果を用いて，回帰係数の平均値，標準偏差，2.5%値および 97.5%値を示した．

[*4)] 表 11.3 および表 11.4 では，JAGS コードで対数尤度関数を記述し，R2jags パッケージを用いてギブズサンプリング法により推定した結果を示している．

表11.3 ゼロ強調ポアソン回帰モデルの推定結果

変数	最尤推定		ベイズ推定		
	回帰係数	Z値	回帰係数	標準偏差	$[2.5\%, 97.5\%]$
定数項 (β_0)	2.98	56.29	2.99	0.050	$[2.90, 3.09]$
人口密度 (β_1)	0.008	29.53	0.008	0.000	$[0.008, 0.009]$
高齢化率 (β_2)	-6.24	-26.84	-6.29	0.223	$[-6.72, -5.87]$
定数項 (σ_0)	-1.75	-5.21	-1.70	0.31	$[-2.25, -0.99]$
人口密度 (σ_1)	-0.056	-4.67	-0.058	0.011	$[-0.082, -0.038]$
高齢化率 (σ_2)	3.23	2.78	3.10	1.10	$[0.66, 5.06]$

R 分析例

ゼロ強調ポアソン回帰モデルは，pscl パッケージの zeroinfl() 関数を用いて最尤推定できる．

```
# パッケージの呼び出し
library(pscl)
# モデルの推定と結果の表示
model84_zip1 <- zeroinfl(Hospital~Popd + Pop65r, data = data84)
summary(model84_zip1)
```

11.4 ゼロ強調負の二項分布モデル

ゼロ強調モデルのうち，イベント発生数が負の二項分布に従うと仮定したモデルを，ゼロ強調負の二項分布モデルという．

$$y_i \sim ZINB(r_i, \pi_i)$$

ここで，$ZINB(r_i, \pi_i)$ は以下のような関数となる．

$y_i = 0$ のとき：
$$P(y_i=0) = (1-\pi_i) + \pi_i \cdot NB(r_i, \pi_i)$$
$$= (1-\pi_i) + \pi_i \cdot \frac{\Gamma(0+r_i)}{0!\Gamma(r_i)} \left(\frac{r_i}{r_i+\lambda_i}\right)^{r_i} \left(\frac{r_i}{r_i+\lambda_i}\right)^0$$
$$= (1-\pi_i) + \pi_i \left(\frac{r_i}{r_i+\lambda_i}\right)^{r_i}$$

$y_i > 0$ のとき：
$$P(y_i>0) = \pi_i \cdot \frac{\Gamma(y_i+r_i)}{y_i!\Gamma(r_i)} \left(\frac{r_i}{r_i+\lambda_i}\right)^{r_i} \left(\frac{r_i}{r_i+\lambda_i}\right)^{y_i}$$

である．いま，

11.4 ゼロ強調負の二項分布モデル

$$w_i = \begin{cases} 0 & (y_i = 0) \\ 1 & (y_i > 0) \end{cases}$$

なる変数を定義すると，ゼロ強調負の二項分布モデルの対数尤度関数は次式のようになる．

$$\log L = \sum_{i=1}^{N} (1-w_i) \log \left\{ (1-\pi_i) + \pi_i \left(\frac{r_i}{r_i + \lambda_i} \right)^{r_i} \right\}$$
$$+ \sum_{i=1}^{N} w_i [\log \pi_i + \log \Gamma(y_i + r_i) - \log \Gamma(r_i) - \log(y_i!) + r_i \log r_i$$
$$+ y_i \log \lambda_i - (r_i + y_i) \log(r_i + \lambda_i)]$$

である．また，

$$\text{logit } \pi_i = \log \left(\frac{\pi_i}{1 - \pi_i} \right) = \alpha_0 + \alpha_1 x_1 + \alpha_2 x_2$$
$$\log \lambda_i = \beta_0 + \beta_1 x_1 + \beta_2 x_2$$
$$\pi_i = \frac{r_i}{\lambda_i + r_i}$$

である．

負の二項分布モデル同様に，回帰係数 α, β および r について事前情報を与えることにより，ゼロ強調負の二項分布モデルをベイズ推定できる．

$$\beta_0, \beta_1, \beta_2 \sim N(0, 1 \times 10^{-6})$$
$$\alpha_0, \alpha_1, \alpha_2 \sim N(0, 1 \times 10^{-6})$$
$$r \sim \Gamma(0.001, 0.001)$$

ゼロ強調負の二項分布モデルを最尤推定した結果とベイズ推定した結果を比較すると，表 11.4 のようになる．ここでは，ベイズ推定の MCMC 回数を 2,500 回，稼働検査期間を 500 回とし，稼働検査期間を除く 2,000 回分の計算結果を用いて，回帰係数の平均値，標準偏差，2.5%値および 97.5%値を示した．

R 分析例

ゼロ強調ポアソン回帰モデルは，`pscl` パッケージの `zeroinfl()` 関数を用いて，引数を指定することにより，最尤推定できる．

```
# パッケージの呼び出し
library(pscl)
# モデルの推定と結果の表示
model84_zinb1 <- zeroinfl(Hospital~Popd + Pop65r, data = data84,
```

表11.4 ゼロ強調負の二項分布モデルの推定結果

変数	最尤推定		ベイズ推定		
	回帰係数	Z値	回帰係数	標準偏差	[2.5%, 97.5%]
定数項 (β_0)	3.42	22.89	3.43	0.12	[3.20, 3.68]
人口密度 (β_1)	0.011	7.56	0.011	0.001	[0.009, 0.014]
高齢化率 (β_2)	−9.30	−16.03	−9.24	0.47	[−10.27, −8.37]
定数項 (σ_0)	5.33	2.56	4.57	1.60	[7.47, 1.00]
人口密度 (σ_1)	−3.00	−2.57	−3.08	1.15	[-1.13, -5.78]
高齢化率 (σ_2)	−24.60	−2.60	−19.73	6.91	[-5.33, -33.88]

```
dist ="negbin")
summary(model84_zinb1)
```

参 考 文 献

1) 蓑谷千凰彦 (2007), "計数データのモデル", 『計量経済学大全』, 東洋経済新報社.
2) 総務省統計局 (2010), 『統計でみる市区町村のすがた 2010』, 日本統計協会.
3) Bivand, S., E. J. Pebesma and V. Gomez-Rubio (2008), *Applied Spatial Data Analysis with R* (*Use R*), Springer-Verlag.
4) Ntzoufras, I. (2009), *Bayesian Modeling Using WinBUGS*, Wiley.

索　引

ア　行

ASCII grid　12
アドレスマッチング　16

一様（homogeneous）　93
一様分布　24, 145
一般化回帰モデル　130
一般化加法モデル　130, 137
一般化線形モデル　130, 137
イパネクニコフ関数　111
異方性（anisotropy）　123

Wittermore 検定　82, 87
ウィルコクソンの順位和検定　32, 38

F 関数　102, 105
F 検定　35
L 関数　101, 105

オーバーレイ　9, 22

カ　行

階級区分　44
階級区分図　44
階層クラスタリング　51
　——による分類　51
階層事前情報　78
階層ベイズ推定　78
階層ベイズ推定法　73
ガウス関数　111
カウントデータ・モデル　155

カーネル関数　110
カーネル密度関数　110
可変単位地区問題（MAUP：modifiable area unit problem）　26, 136
可変半径法　115
ガンマ関数　158
ガンマ分布　75

Geary's C　64
幾何学的異方性（geometric anisotropy）　124
期待値　70
規模の問題　136
逆ガンマ分布　145
逆距離加重法（IDW：inverse distance weight）　110, 114
境界効果　101
強度（intensity）　97
距離低減関数　152
距離マップ　94, 100, 102

空間疫学（spatial epidemiology）　1, 69, 83
空間オブジェクト　9
空間重み付け関数　152
空間重み付け行列　56, 61, 140, 144
空間集積性　82
空間情報科学（spatial information science）　4
空間ダービンモデル（spatial Durbin model）　130, 146
空間的異質性（spatial heterogeneity）　135

空間的自己回帰モデル（空間同時自己回帰モデル，spatial auto-regression model） 130, 140
空間的自己相関 56, 62, 134
空間的従属性（spatial dependency） 134, 140, 146
　――の検定 148
空間的に完全ランダムな分布（CSR：complete spatial randomness） 93
空間的波及効果 140
空間データ 4, 9
空間点過程（spatial point process） 92
空間統計学（spatial statistics） 1
空間隣接行列 56, 58
区分値を指定する分類 49
クラス 9
クリギング 124
クリギング補間法 110
グリッドデータ 9, 11
Kulldorff-Nagarwallaの空間スキャン検定 83, 90
クロスバリデーションスコア 152
グローバルな経験ベイズ推定量 73

経験ベイズ推定 76
経験ベイズ推定法 73
経験ベイズ推定量 76, 80
経験ベイズ法 79
K関数 101, 104, 105, 106, 107
k-means法 50

交差検証（クロスバリデーション）法 152
更新（update） 23
コクリギング（共クリギング・共変量クリギング，cokriging） 127
誤差項の空間的自己回帰モデル（空間誤差モデル，SEM：spatial error model） 130, 143
固定効果 149
固定半径法 115
コドラート 94
コドラート法 93, 94

コルモゴロフ-スミルノフ検定 32, 33, 38, 93, 98

サ 行

最近隣距離 94, 100, 103
最近隣距離法 93, 97
最近隣k地点 59
削除（erase） 23
サブセット 19

J関数 105
Geographic Analysis Machine（GAM） 83, 88
ジオコーディング 16
G関数 100, 103
事後情報 74, 76
事後分布 77, 79
事前情報 73, 76, 157, 159
事前分布 73
自然分類 48
G統計量 67
ジニ係数 41
主題図 44, 52
順位付けの積（identity） 23
Join count統計量 64
条件付き自己回帰モデル（CAR：conditional autoregressive model） 130, 139
シル（sill） 118, 123, 128
人口密度 27
シンボルマップ 53

Stone検定 82, 86

正規分布 39, 145
セミバリアンス 118
セミバリオグラム（semivariogram） 117
ゼロ強調負の二項分布モデル 155, 162
ゼロ強調ポアソン回帰モデル 155, 160
尖度 31
セントロイド 15

相対危険度　70,72,73,75,79,80,83
属性情報　17
属性テーブルの結合　17
ゾーニングの問題　136
粗率　69,72

タ　行

帯状異方性（zonal anisotropy）　124
対数正規相対危険度　79
対数正規モデル　79
Tango 検定　82,86
単純型クリギング（simple kriging）　124

地域特化係数　42
地球統計学（geostatistics）　1
直線距離　16
地理情報科学（GISc：geographic informarion science）　4
地理情報システム（GIS：geographic information system）　4
地理的加重回帰モデル（GWR：geographically weighted regression model）　130,151

通常型クリギング（ordinary kriging）　124

定常ポアソン過程（stationary Poisson process）　93
ディゾルブ　18
適合度分析　107
テーブル　17
点密度　97

等間隔分類　46
同時自己回帰モデル（SAR：simultaneous autoregressive model）　130,138,140,144
等分散　36
等分散性の検定　32
等方的（isotropic）　93
等量分類　44
特化係数　41

ドットマップ　52
トポロジ構造　12,13
ドロネー三角網　58,140
ドロネー三角網図　59,63

ナ　行

ナゲット（nugget）　118,128
ナゲット効果（nugget effect）　119

二項分布　158

ノンパラメトリック検定　32

ハ　行

外れ値　31
発生危険度　71
バッファリング　19
パラメトリック検定　32,39
バリオグラム（variogram）　110,116,125
バリオグラム雲（variogram cloud）　117
バリオグラムモデル　119,128
バンド幅　110

ピアソンの χ^2 検定　82,83
非階層クラスタリングによる分類　50
標準化　30
標準化死亡比　73
標準偏差　26
標準偏差分類　47
標本　29
標本データ　29
標本バリオグラム（sample variogram）　117
標本標準偏差　29
標本分散　29
標本平均　29

不等分散　37
ブートストラップ法　84
負の二項分布　158
負の二項分布モデル　155,159,163
普遍型クリギング（universal kriging）　124

不偏標準偏差　30
不偏分散　30
ブロッククリギング（block kriging）　124
分散　26, 39
分散均一（homoschedasticity）　135
分散不均一（heteroschedasticity）　136

ペア相関関数　105
ペアワイズ距離　94, 100, 104
平均　26, 39
平均値の差の検定　32, 36
ベイジアンクリギング（Bayesian kriging）　128
ベイズ推定　32, 79, 133, 143, 145, 147, 150, 157, 159, 161, 163
ベクターデータ　9, 11, 13
ベクター変換　11
Besag-Newell 検定　82, 87
ベルヌーイ試行　158
変動係数　41, 42

ポアソン回帰モデル　155
ポアソン確率　73
ポアソン確率地図　71
ポアソン-ガンマモデル　75
ポアソン分布　71, 73, 94, 156
ポアソンモデル　100
ポイントデータ　10, 13, 21
ポイントパターン分析（point pattern analysis）　92
母集団　30
Potthof-Whittinghill 検定　82, 85
母分散　30
母平均　30
ポリゴンデータ　10, 14, 15, 21, 22, 54
ボロノイ分割　20
ボロノイ領域　20

マ　行

マーク付き点過程　93, 106, 110

Marshall の経験ベイズ推定量　73
マルコフ連鎖モンテカルロ（MCMC）法　32, 39, 78, 128, 133, 142
マルチレベルモデル　130, 149
マンハッタン距離　16

密度　14
ミンコフスキー距離　16

メソッド　9

Moran's I　62, 80, 134
モンテカルロ・シミュレーション　90

ヤ　行

四次関数　111

ラ　行

ラインデータ　10, 13
ラスターデータ　9, 11, 21, 57
ラスター変換　11
ランダム効果　149

理論バリオグラム（theoretical variogram）　118
隣接行列　57, 61, 63, 74

レンジ（range）　118, 123, 128

ローカルな経験ベイズ推定量　74
Local Moran's I　66
ローレンツ曲線　41
論理積（intersect）　23
論理和（union）　23

ワ　行

歪度　31

著者略歴

古谷知之（ふるたに・ともゆき）
1973年　兵庫県に生まれる
2001年　東京大学大学院工学系研究科博士課程修了
現　在　慶應義塾大学総合政策学部准教授
　　　　博士（工学）
著　書　『ベイズ統計データ分析―R & WinBUGS―』朝倉書店

シリーズ〈統計科学のプラクティス〉5
Rによる空間データの統計分析　　　定価はカバーに表示

2011年6月25日　初版第1刷
2021年8月25日　　　第8刷

著　者　古　谷　知　之
発行者　朝　倉　誠　造
発行所　株式会社　朝　倉　書　店

　　　　東京都新宿区新小川町6-29
　　　　郵便番号　　162-8707
　　　　電　話　03(3260)0141
　　　　FAX　03(3260)0180
　　　　https://www.asakura.co.jp

〈検印省略〉

Ⓒ 2011〈無断複写・転載を禁ず〉　　　真興社・渡辺製本

ISBN 978-4-254-12815-4　C 3341　　Printed in Japan

JCOPY ＜出版者著作権管理機構 委託出版物＞

本書の無断複写は著作権法上での例外を除き禁じられています．複写される場合は，そのつど事前に，出版者著作権管理機構（電話 03-5244-5088, FAX 03-5244-5089, e-mail: info@jcopy.or.jp）の許諾を得てください．

好評の事典・辞典・ハンドブック

数学オリンピック事典	野口　廣 監修	B5判 864頁
コンピュータ代数ハンドブック	山本　慎ほか 訳	A5判 1040頁
和算の事典	山司勝則ほか 編	A5判 544頁
朝倉 数学ハンドブック［基礎編］	飯高　茂ほか 編	A5判 816頁
数学定数事典	一松　信 監訳	A5判 608頁
素数全書	和田秀男 監訳	A5判 640頁
数論＜未解決問題＞の事典	金光　滋 訳	A5判 448頁
数理統計学ハンドブック	豊田秀樹 監訳	A5判 784頁
統計データ科学事典	杉山髙一ほか 編	B5判 788頁
統計分布ハンドブック（増補版）	蓑谷千凰彦 著	A5判 864頁
複雑系の事典	複雑系の事典編集委員会 編	A5判 448頁
医学統計学ハンドブック	宮原英夫ほか 編	A5判 720頁
応用数理計画ハンドブック	久保幹雄ほか 編	A5判 1376頁
医学統計学の事典	丹後俊郎ほか 編	A5判 472頁
現代物理数学ハンドブック	新井朝雄 著	A5判 736頁
図説ウェーブレット変換ハンドブック	新　誠一ほか 監訳	A5判 408頁
生産管理の事典	圓川隆夫ほか 編	B5判 752頁
サプライ・チェイン最適化ハンドブック	久保幹雄 著	B5判 520頁
計量経済学ハンドブック	蓑谷千凰彦ほか 編	A5判 1048頁
金融工学事典	木島正明ほか 編	A5判 1028頁
応用計量経済学ハンドブック	蓑谷千凰彦ほか 編	A5判 672頁

価格・概要等は小社ホームページをご覧ください．